1. 脐橙幼树树盘覆盖状
2. 脐橙园生草
3. 脐橙园贮水抗旱
4. 用挖机开挖的脐橙深翻扩穴沟
5. 管理精细的脐橙园

1. 脐橙复芽抽生枝梢状
2. 脐橙有叶单顶花枝
3. 脐橙夏剪"三去一"抹梢
4. 脐橙枝梢摘心
5. 撑枝调整脐橙幼树主枝角度

1. 脐橙疏梢后枝梢生长状
2. 脐橙树采用开天窗式修剪
3. 4年生脐橙树生长状
4. 生长键壮的脐橙初结果树开花状
5. 脐橙自然开心形树冠

1. 丰产脐橙树结果状
2. 丰产脐橙园
3. 营养生长过旺的脐橙树

4. 严重衰老的脐橙树
5. 遭受冰雪危害的脐橙树

脐橙
优质丰产栽培

QICHENG YOUZHI FENGCHAN ZAIPEI

陈 杰 主编

中国科学技术出版社
·北 京·

图书在版编目（CIP）数据

脐橙优质丰产栽培/陈杰主编.—北京：
中国科学技术出版社，2017.8（2020.4 重印）
ISBN 978-7-5046-7590-3

Ⅰ.①脐… Ⅱ.①陈… Ⅲ.①橙子—果树园艺
Ⅳ.① S666.4

中国版本图书馆 CIP 数据核字（2017）第 172713 号

策划编辑	张海莲　乌日娜	
责任编辑	张海莲　乌日娜	
装帧设计	中文天地	
责任印制	徐　飞	

出　　版	中国科学技术出版社	
发　　行	中国科学技术出版社有限公司发行部	
地　　址	北京市海淀区中关村南大街16号	
邮　　编	100081	
发行电话	010-62173865	
传　　真	010-62173081	
网　　址	http://www.cspbooks.com.cn	

开　　本	889mm×1194mm　1/32	
字　　数	196千字	
印　　张	7.875	
彩　　页	4	
版　　次	2017年8月第1版	
印　　次	2020年4月第2次印刷	
印　　刷	北京长宁印刷有限公司	
书　　号	ISBN 978-7-5046-7590-3 / S·661	
定　　价	35.00元	

本书编委会

主　编
陈　杰

副主编
李能巡　张素华

编著者
陈　杰　李能巡　张素华　黄红润
林席跃　蔡文海

Contents 目 录

第一章
脐橙优良品种

一、优良品种标准

脐橙果实是商品，脐橙生产是一种商品生产。凡受生产者、经营者和消费者欢迎的品种，就可称为优良的脐橙品种。脐橙优良品种的标准，必须具备以下4方面的优点。

（一）商品性好

商品性即市场性，主要指果实的外观品质，是指对形状、大小和色泽等外观品质的综合评价。优良脐橙品种的果实，必须具备该品种固有的形状，果形端正，大小均匀，整齐度高，果面光滑，色泽艳丽，外观漂亮。

（二）食用性好

食用性主要是指果实食用上的品质，是对风味、香味、肉质、杂味、种子和食用部分等内在品质的综合性评价。优良脐橙品种的果实必须具备果肉风味浓郁，酸甜适口或甜酸适口，有香气，无杂味，果汁丰富，高糖低酸，肉质细嫩或脆嫩、化渣，无核或少核，可食率大。

（三）营养性好

营养性主要是指含糖、酸之外的维生素 C、无机盐含量的多少。优良的脐橙品种，应是一种保健食品，要求各种营养成分含量高。其营养性主要以维生素 C 的含量多少来衡量。日本 1986 年制定的柑橘化学成分标准：脐橙的维生素 C 含量为 50～60 毫克 / 100 毫升。

（四）丰产性好

丰产性主要指柑橘的丰产性、稳产性和抗逆性。优良的脐橙品种应该适应性强，易栽易管，早果性强，丰产稳产，抗病虫害，耐瘠薄干旱。

二、主要优良品种

脐橙品种包括早熟品种、中熟品种和晚熟品种 3 种。

（一）早熟品种

1. 纽荷尔脐橙　由华盛顿脐橙的芽变产生，1978 年引入我国。由于果实外观美，成熟期早，品质优良，成为我国脐橙主栽品种之一。

该品种树势生长较旺，树姿开张。树冠扁圆形或圆头形。发枝力强，枝梢短密，有小刺。叶片长卵圆形，叶色深。果实椭圆形或长椭圆形，果形指数约为 1.1。果实较大，单果重 200～250 克。果面光滑，果色橙红色。多数果顶脐突出，脐孔小，闭脐多。果肉细嫩而脆，化渣，汁多，无核，风味浓甜，富有香气，品质上乘。可食率 73%～75%，果汁率 48%～49%，可溶性固形物含量 12%～13.5%，含糖量 8.5～10.5 克 / 100 毫升，含酸量 1～1.1 克 / 100 毫升，维生素 C 含量约 53.3 毫克 / 100 毫升。

果实 11 月上中旬成熟，耐贮性好，贮后色泽更加橙红，品质依然良好。

纽荷尔脐橙用枳作砧木，其果实品质优良，丰产稳产，且抗日灼、脐黄和裂果，是我国推广的重要脐橙品种。

2. 清家脐橙　1958 年，发现于日本爱媛县北宇和郡吉田町东连寺的清家太郎氏脐橙园，系华盛顿脐橙的早熟芽变。1978年引入我国，目前在重庆和四川等地栽培较多，湖北、湖南、江西、福建、广西、云南和贵州等地也有栽培。

该品种树势中等，树冠圆头形。发枝力强，丛生枝多，枝梢节间密，多年生枝节部呈瘤状。叶片小，果实大，单果重 200 克左右。果实圆球形或椭圆形。果梗部稍凹，果顶稍圆，脐部平，脐孔中等大小。果皮橙红色，肉质脆嫩，化渣，汁多，极富香气，品质上乘，风味与华盛顿脐橙相似。可食率约78%，果汁率约55.4%，可溶性固形物含量11%～12.5%，含糖量8.5～9 克 / 100 毫升，含酸量 0.7～0.9 克 / 100 毫升，维生素 C 含量约43.5 毫克 / 100 毫升。果实 11 月上中旬成熟。

清家脐橙，以枳作砧木，早结果丰产，适应性广，品质佳，是目前我国脐橙发展的重要推广品种。

3. 福本脐橙　原产日本和歌山县，为华盛顿脐橙的枝变。以果面色泽浓红而著称，也称福本红脐橙。1981 年引入我国，目前有少量种植。

该品种树势中等，树姿较开张，树冠中等大、圆头形。枝条较粗壮稀疏，叶片长椭圆形，较大而肥厚。果实较大，单果重 200～250 克。果实椭圆形或球形，果顶部浑圆，多闭脐，果梗部周围有明显的短放射状沟纹。果面光滑，果色橙红色，肉质脆嫩、汁多，风味酸甜适口，富有香气，无核，品质优良。果实11 月上中旬成熟。

福本脐橙，以枳作砧木，性状表现良好，尤其是在光照充足、昼夜温差大、较干燥的地区种植，品质优良，产量中等，树冠较小，栽植时可适当密植。由于果实酸含量较低，故不耐贮藏，最适上市季节为 11 月份至翌年 2 月份。

4. 朋娜脐橙 又名斯开格斯朋娜脐橙，是从华盛顿脐橙中选出的突变体。1978 年引入我国，在四川、重庆、湖北、湖南、江西、浙江、广西、贵州、云南和福建等地有栽培。

该品种树势中等，树冠较紧凑。发枝力强，枝条较短而密，属短枝类型，枝上有小刺，多年生枝上有瘤状突起。叶片小，卵圆形。果实较大，单果重 220～280 克。果实圆球形。果形指数约为 0.95，果顶脐较大且明显，开脐较多。果皮橙黄色，果面光滑。果肉脆嫩，较致密，汁多，化渣，甜酸适口，有香气，无核，品质优良。可食率 80% 左右，果汁率 48%～50%，可溶性固形物含量 11%～14%，含糖量 8.5～11 克/100 毫升，含酸量约 0.92 克/100 毫升，维生素 C 含量 52～66 毫克/100 毫升。果实 11 月上中旬成熟。

朋娜脐橙，以枳作砧木，早果性能好，主、副芽可以同时分化为花芽。结果呈"球"状，一般 3～5 个果为一球，多者可达 7～9 个，丰产稳产。树冠较小，适于密植。但脐黄和裂果较明显，落果严重，栽培上应引起重视。

5. 大三岛脐橙 原产于日本爱媛县。1978 年引入我国，在四川、重庆、广西、浙江、福建等地有少量种植，表现优质丰产。

该品种树势中等，树冠圆头形或半圆形，枝条短，叶片小而密生。果实较大，单果重 200～250 克，多闭脐，果皮橙红色、较薄，果面近果顶部光滑，果形圆球形或短椭圆形。可食率 80% 左右，果汁率 54% 左右，可溶性固形物含量 11%～12%，含糖量约 9.2 克/100 毫升，含酸量 0.6～0.7 克/100 毫升，维生素 C 含量约 44.4 毫克/100 毫升，果肉脆嫩，品质上乘。果实 11 月上中旬成熟。

大三岛脐橙优质、丰产，因果皮较薄易裂果，栽培上应加以重视。

（二）中熟品种

1. 纳维林娜脐橙　又叫林娜脐橙，原名纳佛林娜脐橙，系华盛顿脐橙的早熟芽变，为西班牙的脐橙主栽品种。1979年引入我国，目前在四川、重庆、湖北、福建、湖南、江西和浙江等地有一定的栽培面积。

该品种树势中等，树姿稍开张。树冠扁圆形。枝梢粗壮，发枝力强，密生，有小刺。叶片长卵圆形，叶色浓绿。果实椭圆形或长倒卵形。果顶部圆钝，基部较窄，常有短小沟纹。果实较大，单果重200～230克，果面光滑，果色橙红或深橙色，果皮较薄。果脐中等，开脐较多。果肉脆嫩，化渣，汁多，无核，风味浓甜，富有香气。可食率79%～80%，果汁率51%左右，可溶性固形物含量11%～13.5%，含糖量8～9克/100毫升，含酸量0.6～0.7克/100毫升，维生素C含量约48毫克/100毫升。果实11月中下旬成熟，较耐贮藏。

纳维林娜脐橙不带裂皮病，优质丰产，是目前我国推广的脐橙品种之一。

2. 奉节72-1脐橙　也叫奉园72-1脐橙，1972年从重庆市奉节县园艺场选出。母树是一株1958年引自江津园艺试验站甜橙砧的华盛顿脐橙，1985年被评为全国优质柑橘果品，1999年获国际农博会名牌。

该品种树势强健，树冠半圆形，稍矮而开张。果实椭圆形或圆球形。单果重160～200克。脐中等大。果色为橙色或橙红色，果皮较薄，光滑，肉质脆嫩，无核，化渣，味甜，有香气，可食率78%左右，果汁率55%左右，可溶性固形物含量11%～14.5%，含糖量9～11克/100毫升，含酸量0.7～1克/100毫升，维生素C含量约54毫克/100毫升。果实11月中下旬成熟。

奉节72-1脐橙以枳作砧木，适应性强，结果早，优质丰产，是我国脐橙发展中的重要推广良种。

3. 福罗斯特脐橙　为华盛顿脐橙的珠心胚系，1916年由福罗斯特教授选出，1952年推广，在美国栽培普遍。1978年引入我国，目前在重庆、四川、湖北和江西等地有少量栽培。

该品种树势强，较直立，枝有刺，树冠半圆形或圆头形。果实扁圆球形或圆球形。果实中等大小，单果重150～200克。果皮橙红色，果肉细软，化渣，果皮较薄。脐中等大，开脐较多。可食率73%左右，果汁率49%左右，可溶性固形物含量11%～13%，含糖量9～9.5克/100毫升，含酸量0.7～1克/100毫升，维生素C含量约58毫克/100毫升。果实11月中旬成熟。

福罗斯特脐橙，优质丰产，不患裂皮病，是很有推广希望的脐橙品种之一。

4. 红肉脐橙　又叫卡拉卡拉脐橙，系秘鲁选育出的华盛顿脐橙芽变优系，最早于20世纪80年代中期在委内瑞拉发现。1990年，从美国佛罗里达州引入我国华中农业大学，现已在我国部分地区试种。

该品种树势强健，树冠圆头形，紧凑。叶片偶尔有细微斑叶现象，新梢具少量浅刺、柔软，枝披垂，小枝梢的形成层常呈现淡红色。果实圆球形或卵圆形。果实中等大，单果重190～220克，最大果重可达300克，闭脐。囊瓣11～12瓣，可食率73.3%左右，果汁率44.8%左右，可溶性固形物含量约11.9%，含糖量约9.07克/100毫升，含酸量约1.07克/100毫升，维生素C含量约45.84毫克/100毫升。果皮橙红，果肉为粉红色至红色，肉质致密脆嫩，多汁，风味甜酸爽口，有特殊的香味。果肉为番茄红素着色，可作为高档脐橙及礼品果，十分适合用作水果色拉或拼盘。果实成熟期为11月底至12月初。

该品种适宜在昼夜温差大的脐橙产区栽植，并注意保花保果，提高产量。

5. 华盛顿脐橙　又名美国橙、抱子橘、花旗蜜橘，简称华脐。1938年从美国引入我国，1965年我国又从摩洛哥引入该品种的嫁接苗。

该品种树势强健，树姿开张。树冠半圆形或圆头形。大枝粗长而披垂，新梢短小而密，无刺或短刺。叶大，广椭圆形，翼叶明显，中等大，倒披针形。果实大，单果重 200 克以上。果实椭圆形或圆球形，基部较窄，先端膨大，有脐，较小，张开或闭合；果色深橙色或橙红色，果面光滑，果点较粗，油胞平生或微凸，果皮厚薄不均，果顶部薄，近果蒂部厚，较易剥皮分瓣，囊瓣肾形，10～12 瓣，中心柱大，不规则，半充实或充实。肉质脆嫩，汁多，化渣，甜酸适口，富芳香味。可食率 80% 左右，果汁率 47%～49%，可溶性固形物含量 10.5%～14%，含糖量 8.5～11 克 / 100 毫升，含酸量 0.9～1 克 / 100 毫升，维生素 C 含量 53～65 毫克 / 100 毫升。无核，品质上乘，极宜鲜食。果实 11 月下旬至 12 月上旬成熟。

华盛顿脐橙性喜冬暖夏凉、少雨、日照长的夏干燥区气候，不适宜夏季高温多湿、冬季寒冷干燥的气候。尤其在花期和幼果期对高温干旱更敏感，易引起严重的落花落果。

我国脐橙产区，华盛顿脐橙多数以枳为砧木，能早结果、早丰产，有的产区为了抗裂皮病，也有以红橘作砧木的。

（三）晚熟品种

1. 晚脐橙　原名纳佛来特，原产于西班牙，系华盛顿脐橙的枝变。1980 年从西班牙引入我国，目前在重庆、四川、湖北、江西和湖南等地有种植。

该品种树势强，树冠半圆形或圆头形，果实椭圆形或圆球形，单果重 180～210 克。果面较光滑，果皮色泽橙色。脐小，多闭脐。果肉较软，味浓甜。汁多，果汁率 53.8% 左右，可溶性固形物含量 10%～12%，含糖量 8～9 克 / 100 毫升，含酸量约 0.68 克 / 100 毫升。果实于 12 月底至翌年 1 月份成熟。

晚脐橙多用枳作砧木，结果早，产量中等，晚熟。可作为脐

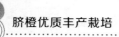

橙的晚熟品种搭配发展。

2. 晚棱脐橙 1950年由澳大利亚 L.Late 从华盛顿脐橙芽变中选育而成。

该品种树势强健，树冠圆头形。果实近圆球形，单果重170克左右。果皮浅橙色，皮薄，光滑，果脐小，多为闭脐。果肉致密脆嫩，风味浓甜，汁较少，果汁率为42.3%左右，可溶性固形物含量12%左右，含糖量约9.52克/100毫升，含酸量约1.31克/100毫升，维生素 C 含量约53.37毫克/100毫升。无核。品质上等。成熟期为12月下旬。大小不均，整齐度较差。果实耐贮，可挂树贮藏3个月，但挂树贮藏后期，果肉不太化渣。

3. 石棉脐橙 1971年由四川省石棉县从实生甜橙优变株系中选育而成。

该品种树势强，树冠圆头形，果实椭圆形或圆球形，单果重170克左右。果皮橙红色，皮较薄，果脐较小。果肉细嫩，化渣，风味浓。汁液极多，果汁率为60.5%左右，可溶性固形物含量12.4%左右，含糖量约8.84克/100毫升，含酸量约1.05克/100毫升。无核。品质中上等。果实成熟期为12月下旬。果实耐贮藏，丰产性能好。

第二章
脐橙育苗与良种选育

脐橙苗木是脐橙产业发展的物质基础，苗木质量直接影响脐橙生产的发展。因此，必须有计划有步骤地培育出品种纯正、砧木适宜、生长健壮和丰产优质的良种壮苗，并开展良种选育工作。

一、良种母本园建立

脐橙苗木的培育，首先应建好良种母本园。选择的良种应是当地推广的优良品种。母本园的主要任务，是提供繁殖苗木所需要的接穗，即提供纯度高、数量多的良种接穗，供育苗繁殖之用。

（一）母本园良种来源

母本园的良种苗木，必须来自种性典型、树体强键、优质丰产的植株。新选育的良种，最好来自原始母树。外地引进的良种，应先进行隔离种植鉴定 2～3 年，确认无检疫性病害后，再引进植入。母本园中的良种也可选自品种纯度较高的生产园，但必须经专家认真鉴定，并除去混杂园中的退化株或不典型株，方能用于母本园。

（二）砧木母本园建立

为了克服目前脐橙砧木种子生产多数处于自然分布、自由采集的混乱局面，也必须建立砧木母本园，以保证砧木种子纯度和质量。

（三）母本园建立田间档案

对脐橙接穗和砧木良种母本园中的每一个单株，都应该画好定植图，记载生长结果情况。发现弱树、混杂树、退化树和劣变树等，应及时淘汰和替补。始终保持母本园品种的高度纯正。

二、苗木繁育

（一）苗圃地选择、规划与整地

1. 苗圃地的选择 苗圃地的选择主要考虑位置和农业环境条件两方面因素。从经营效益出发，苗圃地应位于果树供求中心地区，交通便利，既可降低运输的费用和损失，又可使育成的苗木能适应当地的环境条件。同时，苗圃地应选择远离病虫疫区的地方，要远离老柑橘园，距离柑橘黄龙病园 3 000 米以上，以减少危险性病虫感染。生产中应按当地情况，选择背风向阳、地势较高、地形平坦开阔（坡度在 5°以下）、土层深厚（50～60 厘米及以上）、地下水位不超过 1 米、pH 值 5.5～7.5 的平地、缓坡地或排灌方便的水田，最好选前作未种植过苗木的水田或水旱轮作田；保水及排水良好、灌溉方便、疏松肥沃、中性或微酸性的沙壤土、壤土，以及风害少、无病虫害的地方，有利于种子萌发及幼苗生长发育；地势高燥、土壤瘠薄的旱地、沙质地和低洼、过于黏重的土地，不宜作苗圃。切忌选择种过杨梅的园地和连作圃地，新开地最佳；寒流汇集的洼地、风害严重的山口、干燥瘠薄的山顶和阳光不足的山谷，均不宜作苗圃地。

2. 苗圃地的规划 苗圃的规划要因地制宜，合理安排好道路、排灌系统和房屋建筑，充分利用土地，提高苗圃利用率。根据育苗的多少，可分为专业大型苗圃和非专业性苗圃（图2-1）。

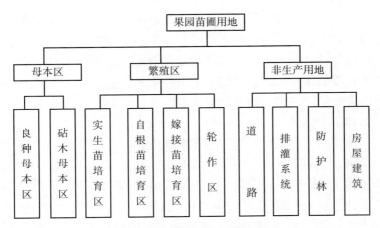

图2-1 脐橙苗圃地规划示意图

（1）专业大型苗圃的规划

①生产管理用地 生产管理用地依据果园规划，本着经济利用土地、便于生产和管理的原则，合理配置房屋、温室、工棚、肥料池、休闲区等生活及工作场所。

②道路、排灌设施 道路规划结合区划进行，合理规划干道、支路、小路等道路系统，既要便于交通运输，适应机械操作要求，又要经济利用土地。排灌设施结合道路和地形统一规划修建，包括引水渠、输水渠、灌溉渠、排水沟组成排灌系统，两者要有机结合，保证涝时能排水，旱时能灌溉。

③生产用地 专业性苗圃生产用地由母本区、繁殖区、轮作区组成。母本区又称采穗圃，栽培优良品种，提供良种接穗。母本园的主要任务是提供繁殖苗木所需要的接穗，这些繁殖材料以够用为原则，以免造成土地浪费，如果这些繁殖材料在当地来源方便，又能保证苗木的纯度和性状，无检疫性病虫害，也可不设母本区。

　　繁殖区也称育苗圃，是苗圃规划的主要内容，应选用较好的地段。根据所培育苗木的种类可将繁殖区分为实生苗培育区和嫁接苗培育区。前者用于播种砧木种子，提供砧木苗，后者用于培育嫁接苗，前者与后者的面积比例为 1 : 6。为了耕作方便，各育苗区最好结合地形采用长方形划分，一般长度不短于 100 米，宽度为长度的 1/3～1/2。如受立地条件限制，形状可以改变，面积可以缩小。同树种、同龄期的苗木应相对集中安排，以便于病虫防治和苗木管理。

　　轮作区是为了克服连作弊端、减少病虫害而设的。同一种苗木连作，常会降低苗木的质量和产量，故在分区时要适当安排轮作地。一般情况下，育过一次苗的圃地，不可连续再用于育同种果苗，要隔 2～3 年之后方可再用，不同种果苗间隔时间可短些。轮作的作物，可选用豆科、薯类等。苗圃地经 1～2 年轮作后，可再作脐橙苗圃。

　　（2）非专业苗圃的规划　　非专业苗圃一般面积比较小，育苗种类和数量都比较少，可以不进行区划，而以畦为单位，分别培育不同树种、品种的苗木。

　　3. 整地　　苗圃地应于播种前 1 个月犁翻（深犁 25～30 厘米）晒白，犁耙 2～3 次，耙平耙细，清除杂草。在最后 1 次耙地时，每 667 米^2 撒施腐熟猪、牛粪或堆肥 2 000 千克、过磷酸钙 20 千克、石灰 50 千克。为防治地下害虫，每 667 米^2 用 2.5% 辛硫磷粉剂 2 千克，拌细土 30 千克，拌匀后在播种时撒入田内并耙入土中。也可每 667 米^2 用 5% 辛硫磷颗粒剂 1～1.5 千克，与细土 30 千克拌匀，在播种前均匀撒施于苗床上。播种园苗床整成畦面宽 80～100 厘米、高 20～25 厘米的畦；嫁接园苗床做成宽 60～80 厘米、高 20～30 厘米（低洼地、水田高 25～30 厘米）的畦，畦沟宽 25～30 厘米，做成畦后，把畦面耙平耙细，便可以起浅沟播种。为了抑制小苗主根生长，促进侧根生长，提高移栽成活率，整地时最好在底部铺上塑料薄膜，在上面堆上肥沃的园土

（高 15～20 厘米），每 667 米^2 用肥沃土壤 5 000 千克和腐熟的牛粪、猪粪 500～1 000 千克，然后与园土拌匀，最后整成苗床（图 2–2），便可以起浅沟播种。

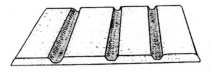

图 2-2　苗　床

（二）实生砧木苗繁殖

用作脐橙的砧木，应该考虑以下因素：亲和性强，嫁接成活率高；根系发达，生长迅速；耐瘠薄，对当地气候、土壤有良好的适应性；抗逆性强，尤其是对当地主要病虫害有较强的抵抗力；种子来源广，便于大量繁殖。

1. 砧木的选择　脐橙常用砧木主要有枳和枳橙。

（1）**枳**　枳又名枳壳，是脐橙嫁接繁殖用的主要砧木。落叶性灌木或小乔木，叶为三小叶组成的掌状复叶。枳耐寒性极强，能耐 –20℃ 的低温。抗病力强，对脚腐病、衰退病、溃疡病和线虫病等有抵抗力。嫁接脐橙成活率高，表现早结果、早丰产、矮化或半矮化，耐寒、耐涝、耐旱，适于酸性土壤，但不耐盐碱。是目前脐橙普遍采用的优良砧木，是良好的矮化脐橙砧，特别是小叶大花者，尤为上佳。

（2）**枳橙**　它是枳与橙类的杂交种。半落叶性小乔木，同株叶片有单身复叶和 2～3 片小叶组成的复叶，种子多胚。嫁接后树势强，根系发达，生长快，易形成树冠，早结果丰产，而且耐旱、耐寒，抗脚腐病及衰退病。用枳橙作脐橙砧木，适应较宽株行距，所以枳橙是稀植脐橙园采用的优良砧木。目前，优良的枳橙品种有卡里左、特洛亚等。

2. 砧木苗的培育

（1）优良砧木种子的采集　优良砧木种子的采集是培育实生砧木苗的重要环节。选种的好坏，不仅影响播种后的发芽势和发芽率，还直接影响苗木的正常生长。

①优良母本树的选择　品种纯正的砧木种子应采自砧木母本园。优良母本树应为品种纯正、生长健壮、丰产稳产、无病虫害和无混杂的植株。

②采种时期　采种时应在果实充分成熟、籽粒饱满时采收，采收的种子种仁饱满，发芽率高，生命力强，层积沙藏时不易霉烂。采种不宜过早，过早采收，种子成熟度差，种胚发育不全，储藏养分不足，种子不充实，生活力弱，发芽力低，生长势弱，苗木生长不良。

③采种方法　先把成熟的砧木果实采摘下来，可堆放在棚下或背阴处，或将果实放入容器内，进行堆沤，使果肉软化，然后用水淘洗取种（图2-3）。堆沤期间要经常注意翻动，使温度保持在25℃～30℃。在堆温超过30℃时，易使种子失去生活力。待5～7天后，果肉软化时，装入箩筐，用木棒搅动、揉碎，加水冲洗，捞去果皮、果肉，并加入少量草木灰或纯碱轻轻揉擦，除去种皮上的残肉和胶质，用水彻底洗干净，然后加入0.1%高锰酸钾溶液或40%甲醛200倍液浸洗15分钟，取出后立即用清水冲洗干净，放置通风处阴干，即可播种。如暂不播种，则可将种子放在竹席上摊开，置阴凉通风处阴干，枳种以含水量25%

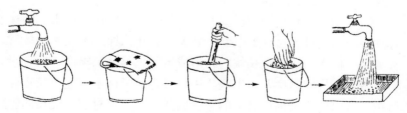

图2-3　取种程序

左右为宜，经2～3天种皮发白即可贮藏。

（2）砧木种子的贮藏　脐橙砧木种子的贮藏一般采用沙藏法。沙藏层积时，可用3～4倍种子量的干净河沙与种子混合贮藏，湿度以手轻捏成团、松手即散为宜，表明河沙含水量为5%～10%；若用手捏成团、松手碎裂成几块的湿沙，表明水分太多，容易烂种。

种子数量较少时，可在室内层积。用木箱、桶等作层积容器，先在底部放入1层厚5～10厘米的湿沙，将准备好的种子与湿沙按比例均匀混合后，放在容器内，在表面再覆盖一层厚5～10厘米的湿沙，将层积容器放在2℃～7℃的室内，并经常保持沙的湿润状态。有条件的可将种子装入塑料袋，置于冰箱冷藏室中，温度控制在3℃～5℃，空气相对湿度以70%左右为宜（图2-4）。

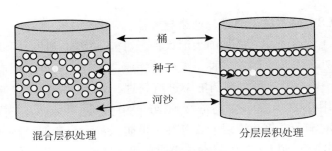

混合层积处理　　　　　　　　分层层积处理

图2-4　种子层积处理

种子数量较多时，在冬季较冷的地区，可在室外挖沟层积。选干燥、背阴、地势较高的地方挖沟，沟的深、宽各50～60厘米，长短可随种子的数量而定。沟挖好后，先在沟底铺一层厚5～10厘米的湿沙，把种子与湿沙按比例混合均匀放入沟内（或将湿沙与种子相间层积，层积厚度不超过50厘米），最上面覆一层厚5～10厘米的湿沙（稍高出地面），然后覆土呈土丘状，以利排水，同时加盖薄膜或草苫以利于保湿。种子数量较多，在冬季不太冷的地区，可在室外地面层积，先在地面铺一层厚5～10厘米的湿沙，再将种子与湿沙充分混合后堆放其上，堆的厚度不超过50厘米，在堆上再覆一层厚5～10厘米的湿沙，最后在沙上盖塑料薄膜或覆盖草苫，以利保湿和遮雨。周边用砖压紧薄膜或干麻袋，以防鼠害（图2-5）。要经常检查，不让细沙过干或过湿。通常7～10天检查1次，调整河沙含水量，使之保持在5%～10%。

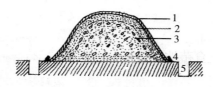

图2-5　砧木种子的贮藏
1. 塑料薄膜　2. 河沙　3. 种子与河沙
4. 砖块　5. 排水沟

（3）砧木种子消毒、催芽与播种

①消毒处理　播种前为消灭种子可能携带的各种病原菌，用药剂处理可杀灭附着在种子表面的病原菌。即先将种子用清水浸泡3～4小时，再放到药液中进行处理，处理后需用温水冲洗干净。用0.1%高锰酸钾溶液浸泡20～30分钟，可以防治病毒病；用硫酸铜100倍溶液浸泡5分钟，可防治炭疽病和细菌性病；用50%多菌灵500倍溶液浸泡1小时，可以防治枯萎病。

②催芽　脐橙砧木种子进行催芽，可使萌发率提高到95%左右，而不经催芽直接播种的萌发率仅60%～75%。催芽方法：选一块平整的土地，在上面堆3～5厘米厚的湿沙，把洗净的种子平放在沙面上，不要让种子重叠，再在种子上面盖约5厘米厚的稻草或1～2厘米厚的细沙，注意淋水，保持沙地湿润。经3～4天，当种子的胚根长至0.5厘米左右时，即可拣出播种。催芽期间每隔1～2天翻看种子1次，检查种子萌芽情况，把适宜播种的发芽种子及时拣出播种。除此以外，还用1份种子加

2～3份细沙混合，喷水堆积催芽。堆积厚度以20～40厘米为宜，细沙的含水量保持在5%～8%，温度以控制在25℃左右为宜，2～3天后种子即可萌发。当温度在30℃以上时，种子萌发能力会大大下降；超过33℃时种子几乎丧失萌发能力。催芽期间要控制细沙含水量，水分过多易引起种子发霉、烂芽。如不能马上播种，可使细沙含水量控制在1%～2%，堆放在阴凉处可保存15～20天。催芽后的种子要及时播种，否则胚芽容易折断，出苗率会降低。

③播 种

整地做畦：育苗地在播种前撒施基肥，深翻，耙平，整细，做畦。一般每667米^{2}施入优质有机肥2 000～3 000千克、过磷酸钙25～30千克、草木灰50千克，深翻30～50厘米。深翻施肥后浇透水，水下渗后，根据需要筑垄或做畦，一般垄宽60～70厘米，畦高15厘米，畦宽1～1.5米，任意长，畦间沟宽25～30厘米，畦面耙细要整理成四周略高、中间平的状态。施基肥整地后，稍加镇压待播。为预防苗期立枯病、根腐病、蛴螬等病虫害，可结合整地每667米^{2}喷施50%硫磺悬浮剂350～400毫升，或用70%敌磺钠可溶性粉剂1 000倍液喷施。

播种时期：砧木种子播种分春播和秋播两种。通常10厘米地温15℃左右时，即可发芽。在20℃～25℃条件下，种子发芽只需15～30天；在25℃～30℃条件下，只需几天即可发芽。保护地只需将温度控制在25℃左右，即可播种。枳嫩种播种，在谢花后110～120天，采集嫩种播于保护地。

春播：在3月上旬至4月上旬进行。春播的优点是播种后种子萌发时间短。因此，土壤湿度容易掌握，萌发比较整齐。如播种适时，可得到良好的效果。但播种过早，地温低，发芽缓慢，易遭受晚霜危害；如播种过迟，则易受干旱，会缩短苗木生长期。目前，育苗大都采用地膜，这样可提高地温，早播后发芽快、整齐，又不易遭受晚霜的危害。

秋播：在 10 月上旬至 11 月上旬进行。秋播的优点是能省去种子贮藏的工序，适宜播种的时期较长，劳动力安排比较容易，出苗比较整齐，能延长苗木生长期。秋播的关键是要保持播种层土壤的湿度，因此播种深度一般较春播深，或需在播种后用草或沙覆盖，以保持一定的湿度。

播种方法与播种量：脐橙砧木种子播种时，最好采用单粒条播（图 2-6）。一是采用稀播，不用分床移栽，砧木苗生长快，能较快达到嫁接要求。播种密度是株距 12～15 厘米，行距 15～18 厘米，每 667 米^{2}播种量为 40～50 千克。二是采用密播，到翌年春季进行分床移植。播种密度为株行距 8 厘米×10 厘米，每 667 米^{2}播种量为 60～80 千克。

图 2-6　条　播

已催芽的种子播种时用手将种子压入土中，种芽向上。未催芽的种子可用粗圆木棍滚压，使种子和土壤紧密接触，然后用火土灰或沙覆盖，厚度以看不见种子为度。最后盖上一层稻草或杂草或搭盖遮阳网，浇透水。也可采用撒播法，即将种子均匀撒在畦面，每 667 米^{2}播种量为 50～60 千克。在撒播前先将播种量和畦数的比例估算好，做到每畦播种量相等，防止过密或过稀。此法省工，土地利用率高，出苗数多，苗木生长均匀，但是施肥管理不便，苗木疏密不均，要进行间苗或移栽。

④砧木苗的管理　脐橙砧木苗的管理工作主要包括以下几个方面：

揭去覆盖物：种子萌芽出土后，及时除去覆盖物。通常在种子拱土时揭去，当幼苗出土率达五六成时，即可撤去一半覆盖物；当幼苗长出八成时，可揭去全部覆盖物，以保证幼苗正常生长。

淋水：注意苗木土壤湿度的变化，如发现表土过干，影响种子发芽出土时，要适时喷水，使表土经常保持湿润状态，可为幼苗出土创造良好的条件，忌大水漫灌，以免使表土板结，影响幼苗正常出土。

间苗移栽：幼苗长有 2～3 片真叶时，密度过大的应进行间苗移栽，间掉病苗、弱苗和畸形幼苗，对生长正常而又过密的幼苗进行移栽。移栽前 2～3 天要灌透水，以便于挖苗，挖苗时尽量多带土，注意少伤侧根，主根较长的应剪去 1/3，促进侧根生长。最好就近间苗移栽，随挖随栽，栽后及时浇水（图 2–7）。播种时采用密植的，可待春梢老熟后进行分床移植，通过分床可进一步把幼苗按长势和大小分级移栽，便于管理。移栽后的株行距为 12～15 厘米×15 厘米，每 667 米^2 可移栽 11 000～12 000 株。小苗移栽时，栽植深度应保持在播种园的深度，切忌太深。移栽后，苗床要保持湿润，1 个月后苗木已恢复生长，便可以开始施稀薄人粪尿，每月施肥 2 次，其中 1 次每 667 米^2 可施三元复合肥 20 千克。

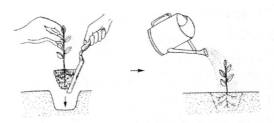

图 2–7　间苗移栽

除草与施肥：幼苗出齐后，注意及时除草、松土、施肥和病虫害防治，保持土壤疏松和无杂草，有利于幼苗的健壮生长。以后要保持畦面湿润，注意盖好暴露的种核，做好松土和培土工作。当幼苗长出 3～4 片真叶时，应开始浇施 1∶10 的稀薄腐熟人粪尿，每月 2 次。另外，还可以适当撒施尿素和三元复合肥，到 11 月下旬停止施肥，以免抽冬梢，直到翌年春后再施肥。还要及时防治危害新梢嫩叶和根部的害虫。

除去萌蘖：及时除去砧木基部 5～10 厘米的萌蘖（图 2-8），保留 1 条壮而直的苗木主干，确保嫁接部位光滑，便于嫁接操作。

图 2-8　除　萌

（三）嫁接苗繁殖

1. 嫁接的含义及成活原理

（1）嫁接的含义　将脐橙的一段枝或一个芽，移接到另一植株（枳）的枝干上，使接口愈合，长成一棵新的植株，这种技术称为嫁接。接在上部的不具有根系的部分（枝和芽）称为接穗，位于下面承受接穗的具有根系的部分，称为砧木（图 2-9）。用这种方法育成的苗木，叫作嫁接苗。

（2）嫁接成活的原理　嫁接时，砧木和接穗削面的表面，由于愈伤激素的作用，使伤口周围的细胞生长和分裂，形成层细胞也加强活动，形成了愈伤组织，并不断增长，填满两者之间的空隙。两者的愈伤组织相互接合，薄壁细胞相互连接。愈伤组织细

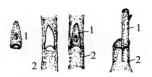

图2-9　嫁　接
1.接穗（芽或枝）　2.砧木

胞进一步分化，将砧木和接穗的形成层连接起来，并分化成联络形成层。联络形成层向内分化形成新的木质部，向外分化形成新的韧皮部，将两者木质部的导管与韧皮部的筛管沟通起来，这样，输导组织才真正连接畅通，砧木吸收的水分和养分即可通过新的输导系统向接穗运送，接穗芽才能逐渐生长。愈伤组织外部的细胞分化成新的栓皮细胞，与两者栓皮细胞相连，这时两者才真正愈合成为一棵新植株。

2. 影响嫁接成活的因素

（1）亲和力的大小　亲和力是指接穗和砧木经嫁接，能愈合，并能正常生长发育的能力。它反映在遗传特性、组织形态结构、生理生化代谢上，彼此相同或相近。砧穗的亲和性是决定嫁接成活的关键。亲和性越强，嫁接越容易成活；亲和性小，则不易成活。砧穗的亲和性常与树种的亲缘关系有关，一般亲缘越近，亲和性越强。因此，同品种或同种间进行嫁接砧穗亲和性最好；同属异种间嫁接，砧穗亲和性较好；同科异属间嫁接，砧穗亲和性较差。但也有例外，如脐橙采用枳作砧木，进行嫁接，二者属于同科异属，却亲和性良好。科间嫁接很少有亲和力。生产中通常用砧穗生长是否一致、嫁接部位愈合是否良好、植株生长是否正常来判断嫁接亲和力的强弱，但有时未选好砧木种类，常出现嫁接接合部分生长不协调的现象，如接合处肿大（大脚）或接穗和砧木上下粗细不一致（小脚）的异常情况（图2-10）。如果出现这种现象，可采用中间砧进行二重接加以克服（图2-11）。

图 2-10　嫁接接合部的异常现象
1. 正常　2. 肿瘤　3. 小脚　4. 大脚

图 2-11　利用中间砧二重接
1. 接穗　2. 中间砧　3. 砧木

（2）接穗和砧木储藏养分充足程度及生活力强弱　为确保嫁接的成活，要求接穗和砧木储藏有充足的养分及较强的生活力，反之则成活率低。接穗和砧木储藏养分多，木质化程度高，嫁接易成活。因此，嫁接时，要求砧木生长健壮、茎粗 0.8 厘米以上且无严重的病虫害；同时，在优良母株上选取生长健壮、充分老熟、芽体新鲜饱满的 1 年生枝作接穗。在生产管理中，做到嫁接前加强砧木的水肥管理，让其积累更多的养分，达到一定粗度，并且选择生长健壮、营养充足、木质化程度高、芽体饱满的枝条作接穗。在同一枝条上，利用中上部位充实的芽或枝段进行嫁接；质量较差的基部芽嫁接成活率低，不宜使用。

（3）环境条件　影响嫁接成活的环境条件有温度、湿度、光照和空气等因素。嫁接口的愈合是一个生命活动过程，需要一定的温度，愈伤组织形成的适宜温度为 18℃～25℃，过高或过低都不利于愈合，故以春季 3～5 月份或秋季 9～10 月份嫁接为好；在愈伤组织表面保持一层水膜，对愈伤组织的形成有促进作用。因此，塑料薄膜包扎要紧，以保持一定的湿度，如包扎不紧或过早除去包扎物，都会影响成活；愈伤组织的形成是通过细胞的分裂和生长来完成的，这个过程中需要氧气；强光能抑制愈伤组织的产生，嫁接部位以避光为好，可提高生长素浓度，有利于伤口愈合，对于大树高接换种时，可用黑塑料薄膜包扎伤口。天气应选择温暖无风的阴天或晴天最好，在雨天及浓雾或强风天均不宜嫁接，冬春季应选择暖和的晴天嫁接，避免在低温和北风天嫁接；夏秋季气温高，应避免在中午阳光猛烈时嫁接。

（4）嫁接技术　嫁接刀的锋利程度、嫁接技术的熟练程度都直接影响着嫁接成活率。

①砧木与接穗的形成层（俗称"水线"）是否对准和密贴　形成层是枝干的韧皮部与木质部之间，由薄壁细胞组成的一层组织，具有较强的分生能力；接时由于穗砧双方切口的形成层对正密贴，形成层不断分裂出来的新细胞，将接合部的间隙填满，相互交错连接成愈伤组织，从而使砧、穗双方愈合成新植株。要做到接穗和砧木对准和密贴，操作技术上：一是嫁接部位要"直"，接穗和砧木切面一定要"平"滑，不能凹凸或起毛，同时切削深度也要适当，如果是切接，切削深度以恰到形成层为佳，不要太深，但更忌太浅（即未切到形成层）。因此，要求刀要锋利（以刀刃一面平的专用嫁接刀为好），动作要"快"（主要靠多实践或多练习，则熟能生巧）；二是放芽和缚薄膜时要小心，确保形成层对"齐"和不移位；三是砧、穗切面要保持清"洁"，不要有泥沙等杂质污染和阻隔，影响嫁接面的密贴。

②接口是否扎紧密封　整个嫁接口和接穗要用嫁接专用薄膜密封保护，包扎要"紧"，不能留有空隙。薄膜宜选用薄且韧的专用嫁接薄膜，以利缚扎紧密，若嫁接口未包紧不密封则影响成活率。操作时放好接芽后，先用薄膜带在砧木切面中部位置缚牢接芽，使之不移位，然后展开薄膜自下而上均匀做覆瓦状缚扎嫁接接芽，至芽顶后（不能留空隙）将薄膜带呈细条状自上而下返

回原位扎紧，使包扎薄膜扎紧密封，保持嫁接口湿润，防止削面风干或氧化变色，可提高嫁接成活率。

在嫁接操作中，严格规范操作技术，真正实现嫁接操作的"直、平、快、齐、洁、紧"的要求，确保嫁接成活率。

3. 嫁接苗的培育

（1）接穗的选择、采集、贮藏和运输

①接穗的选择　从脐橙母本园或采穗圃中采集，选择树冠外围中上部生长充实、芽体饱满的当年生或1年生发育枝作接穗。绝不能选择细弱枝和徒长枝作接穗。

②接穗的采集和贮藏　春季嫁接用的接穗，可结合冬季修剪时采集，但采集的时间最迟不能晚于母株萌芽前2周。采后截去两端保留中段（图2-12），剪去叶片，保留一段（0.5～1厘米长）叶柄（图2-13），每100支捆成一捆，标明品种，用湿沙贮藏，以防止失水丧失生活力。沙藏时，选择含水量5%～10%的干净无杂质的河沙，即手握成团而无水滴出、松手后又能松散为好。将小捆接穗放入沙中，小捆间要用沙间隔，表面覆盖薄膜保湿。每7～10天检查1次，注意调整河沙湿度。接穗也可用石蜡液（80℃）快速蘸封，然后用塑料布包扎好，存放于冰箱中备用。

生长季节嫁接所用接穗可随采随接，接穗宜就近采集，一般在清晨或上午采集，成活率高。采集的接穗应立即剪去叶片（仅留叶柄）及生长不充实的梢端，减少水分蒸发。将下端插入水或湿沙中，贮放于阴凉处，喷水保湿，使枝条尽可能地保持新鲜健壮。需要防治病毒性病害的接穗用1000毫克/千克盐酸四环素溶液或青霉素溶液浸2小时。经消毒处理的接穗，要用清水冲洗干净，最好于2天内嫁接完。需要防治溃疡病的，可用750毫克/千克硫酸链霉素加1%酒精溶液浸泡半小时进行杀菌；有介壳虫、红蜘蛛等害虫的，可用0.5%洗衣粉液洗擦芽条，并用清水冲洗干净。如接穗暂时不用，必须用湿布和苔藓保湿，量多时可用沙藏或冷库贮藏。

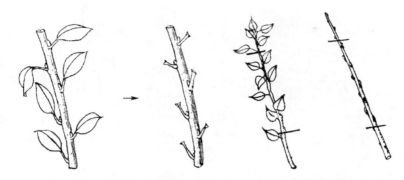

图 2-12　去两端留中段　　　　图 2-13　剪去叶片

　　生长季采集的接穗，如接穗暂时不用，将接穗基部码齐，每 50～100 条捆成 1 捆，挂上标签，注明品种、数量、采集地点及采集时间，可采用以下几种方法贮藏。

　　水藏：将其竖立在盛有清水（水深 5 厘米左右）的盆或桶中，放置于阴凉处，避免阳光照射，每天换水 1 次，并向接穗上喷水 1～2 次，接穗可保存 7 天左右。

　　沙藏：在阴凉的室内地面上铺一层 25 厘米厚的湿沙，将接穗基部深埋在沙中 10～15 厘米，上面盖湿草苫或湿麻袋，并常喷水保持湿润，防止接穗干枯失水。

　　窖藏：将接穗用湿沙埋在凉爽潮湿的窖里，可存放 15 天左右。

　　井藏：将接穗装袋，用绳倒吊在深井的水面以上，但不要入水，可存放 20 天左右。

　　冷藏：将接穗捆成小捆，竖立在盛有清水的盆或桶中，或基部插于湿润沙中，置于冷库中存放，可贮存 30 天左右，若贮藏时间长，常用沙藏或冷藏方法保存。

　　③接穗的运输　需调运的接穗必须用湿布或湿麻袋包裹，应分清品种，定数成捆，内外再挂上同样的品种标签（图 2-14），放置背阴处及时调运。也可用竹筐、有孔纸箱装载。容器底部可

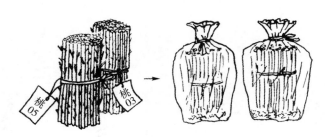

图 2-14　接穗包装

垫以湿毛巾等保湿材料，表面覆盖薄膜，并注意防干防损伤，夏季防热，冬季防冻。调运接穗途中要注意喷水保湿和通风换气，采用冷藏运输效果更好。

对调进的接穗，要核对品种数目。解包后，要迅速吸水复壮，标明品种，贮存备用。

（2）嫁接时期

①生长期嫁接　芽接通常在生长期进行，多在夏秋实施。此时，当年播种的枳壳苗已达芽接的粗度，作为接穗的植株，当年生新梢上的芽也已发育，嫁接成活率高。

②休眠期嫁接　枝接通常在休眠期进行，而以春季砧木树液开始流动、接穗尚未萌发时为好。

嫁接时期：春季，在 3～4 月份进行；秋季，在 9～11 月份进行。

（3）嫁接方法　脐橙嫁接育苗采用的嫁接方法主要有：切接、芽接和腹接。

①切接　切接所用接穗有多芽的，也有单芽的，各地大多采用单芽切接法。嫁接时间为 2 月下旬至 4 月中旬。接穗采用上一年的 1 年生枝条，在春芽尚未萌发前剪取。操作时，先将接穗下端稍带木质部处削成具有 1～2 个芽的平直光滑、长 1～2 厘米的平斜削面，与顶芽相反方向的下端，即在另一面削成 45°的短削面，然后剪断。在离地面 5～10 厘米处，剪去砧木苗上部，

于削面稍带木质部处垂直向下切一长 1～2 厘米的切口，然后，将削好的接穗长削面靠砧木多的一边插下。插入时注意使砧、穗的形成层至少有一侧要对齐，然后用长 25～30 厘米、宽 1.5～2 厘米的塑料薄膜带绑缚即可（图 2-15）。

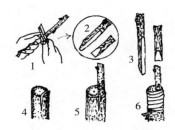

图2-15　切　接　法
1.削取接穗　2.接穗削面　3.接穗
4.砧木切口　5.插入接穗　6.绑缚

　　②芽接　又称盾状芽接法，即"T"形芽接法。嫁接时间为 8 月中旬至 10 月上旬。接穗采用当年生长充实的春梢和秋梢。操作时，在嫁接口离土面高 10～15 厘米处横切一刀，长约 1.5 厘米，再从横切口中央，用刀尖在砧木上比较光滑的一面，垂直向下划一条与接穗芽片等长的纵切口，长约 2 厘米，形成"T"形，深达木质部，然后用刀尖将切口上端皮层向左右轻轻挑起，在接穗枝条上取一单芽，插入切口皮层下，用塑料薄膜带露芽包扎紧密（图 2-16）。

图2-16　"T"形芽接法
1.削取芽片　2.取下芽片　3.插入芽片　4.绑缚

③腹接　所用接穗可用单芽，也可用多芽，各地多采用单芽腹接法。嫁接时间为3月份至10月上中旬。接穗采用当年生长充实的新梢。操作时，手倒持接穗，用刀从芽的下方1～1.5厘米处，往芽的上端稍带木质削下芽片，并斜切去芽下尾尖，芽片长约2厘米，随即在砧木距地面6～15厘米处，选平直光滑的一面，用刀向下纵切一刀，长度约为1.5厘米，不宜太深，稍带木质即可，横切去切口外皮长度的1/2～2/3。将芽片向下插入切口内，用塑料薄膜带绑缚，仅将芽露出（图2-17）。

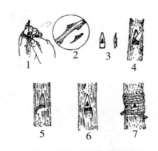

图2-17　小芽腹接法
1.削取芽片　2.取下芽片　3.接芽
4.切去砧木外皮的1/2～2/3　5.砧木接口
6.插入芽片　7.绑缚

（4）嫁接苗的管理

①检查成活与补接　秋季嫁接的在翌年春季检查成活情况，而春季嫁接的在接后15～20天检查成活情况。即将萌动的接芽呈绿色，新鲜有光泽，叶柄一触即落，即为成活（图2-18）。如果发现接芽失绿，变黄变黑，呈黄褐色，叶柄在芽上皱缩，即为嫁接失败，则要将薄膜解除，及时进行补接。因为接活后具有生命力的芽片叶柄基部产生离层，未成活的则芽片干枯，不能产生离层，故叶柄不易碰掉。另外，采用普通农用薄膜包扎接芽的，接穗萌芽时应及时挑破芽眼处薄膜，注意不可伤到芽眼。

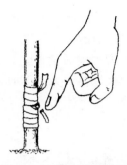

图 2-18　检查成活情况

　　②解除薄膜，及时松绑　春季嫁接的待新梢老熟后（新梢长 25～30 厘米）解除薄膜带。过早解绑，枝梢易老熟，易枯萎或折断；过迟解绑又妨碍砧穗增粗生长，最迟不能超过秋梢萌发前，否则薄膜带嵌入砧穗皮层内，致使幼苗黄化或夭折。当第一次新梢老熟后，用利刀纵划一刀，薄膜带即全部松断。晚秋嫁接的当年不能解绑，要待翌年春季萌芽前，先从嫁接口上方剪去砧木，然后划破薄膜带，促进接芽萌发。

　　③除芽和除萌蘖　接后如接芽抽出 2 个芽以上，除去弱芽、歪芽，留下健壮直立芽。砧木上不定芽（又称脚芽）抽发的萌蘖，随时用小刀从基部削掉，以免萌蘖枝消耗养分，影响接芽的正常生长。春季每隔 7～10 天削除 1 次。

　　④及时剪砧　腹接法嫁接的苗木，必须及时剪砧，否则会影响接穗的生长。剪砧分一次剪砧和二次剪砧。一次剪砧者，可在接芽以上 0.5 厘米处，将砧木剪掉，剪口向接芽背面稍微倾斜，剪口要平滑，以便有利于剪口愈合和接芽萌发生长。二次剪砧者，第一次剪砧的时间是在接穗芽萌发后，在离接口上方 10～16 厘米处剪断砧木，保留的活桩可作新梢扶直之用；待接芽抽生出 16 厘米左右长时进行第二次剪砧，在接口处以 30°角斜剪去全部砧桩，要求剪口光滑，不伤及接芽新梢，不能压裂砧木剪口。有的地区腹接采用折砧法，在嫁接 3～7 天接芽成活后，离

接口上方 3～7 厘米处剪断 2/3～4/5 砧木，只留带一些木质部的皮层连接，把砧木往一边折倒，以促进接芽萌发生长，待新梢老熟后进行第二次剪砧，剪去此活桩（图 2-19）。如果接芽萌发后一次性全部剪除砧木，往往会因为过早剪砧，不小心碰断幼嫩的新梢或使接口开裂而导致接穗死亡。

图 2-19　剪　砧
1.一次剪砧　2.二次剪砧（保留活桩约 20 厘米长）
3.剪去活桩

⑤定干整形　在苗圃地定干整形，可培养矮干多分枝的优良树形。

摘心或短截：春梢老熟后，留 10～15 厘米长进行摘心，促发夏梢。夏梢抽出后，只留顶端健壮的 1 条，其余摘除。夏梢老熟后，在 20 厘米处剪断，促发分枝，如有花序也应及时摘除，以减少养分消耗，促发新芽。

剪顶、整形：当摘心后的夏梢长至 10～25 厘米时，在立秋前 7 天剪顶，立秋后 7 天左右放秋梢。剪顶高度以离地面 50 厘米左右为宜，剪顶后有少量零星萌发的芽，要抹除 1～2 次，促使大量的芽萌发至 1 厘米长时，统一放梢。剪顶后剪口附近 1～4 个节每节留 1 个大小一致的幼芽，其余的摘除。选留的芽要分布均匀，以促使幼苗长成多分枝的植株。

⑥加强肥水管理和防治病虫害　苗圃地要经常中耕除草，疏松土壤，要适当控制肥水，做到合理浇水施肥，促使苗木生长。为使嫁接苗生长健壮，可在 5 月下旬至 6 月上旬每 667 米^{2}追施硫酸铵 7.5～10 千克，追肥后浇水，苗木生长期及时中耕除草，

保持土壤疏松草净。施肥时，坚持勤施薄施为原则，以腐熟人粪尿为主，辅以化肥，特别是 2～8 月份，应每 15 天施 1 次稀薄粪水，或加 0.5%～1% 的尿素溶液淋施，以满足苗木生长的需要。

苗期主要病虫害有潜叶蛾、凤蝶、红蜘蛛、炭疽病、溃疡病等，要及时喷药防治，保证苗木正常生长。

（5）苗木出圃

①苗木出圃前的准备　苗木出圃前准备工作的好坏和出圃工作中技术水平的高低，直接影响到苗木的质量、定植的成活率及幼树的生长。因此，必须做好以下准备工作：劳力组织与分工，工具准备，消毒药品，包装材料，假植场所，起苗及调运苗木的日期安排。

②苗木出圃时间　苗木应达到地上部枝条健壮、成熟度好、芽饱满、根系健全、须根多和无病虫等条件才可出圃。起苗一般在苗木的休眠期。落叶果树从秋季落叶到翌年春季树液开始流动以前都可进行。常绿果树除上述时间外，还可在雨季起苗。春季起苗宜早，要在苗木开始萌动之前起苗。秋季起苗应在苗木地上部停止生长后进行，春天起苗可减少假植程序。一般以春季出圃较好。

③苗木的掘取　开沟（图 2-20）起苗（图 2-21）时，从苗旁 20 厘米处深刨，苗木主、侧根长度至少保持 20 厘米，注意不要伤苗木皮层和芽眼，对于过长的主根和侧根，因不便掘起可以切断，要尽量少伤根系。苗木挖出以后，要用黄泥浆蘸根，外加塑料薄膜或稻草包裹，以便保湿（图 2-22）。

图 2-20　开　沟　　　　图 2-21　起　苗

图 2-22　苗木包装
1.苗木捆扎　2.稻草束　3.包扎好的苗木

④注意事项　挖出的苗木，应挂牌标明品种、来源、苗龄及砧木类型等。土壤过于干旱时，可在挖苗前 1～2 天浇 1 次水，待土壤稍干后再挖苗。挖苗时，要注意整畦或整区挖，以便空出土地另行安排。对不合格的小苗，可集中进行栽植，继续培育。若发现有检疫性病虫的苗木，则要彻底烧毁，以防传播。

⑤苗木的分级与修剪　苗木挖出后，要尽快进行分级，以减少风吹日晒的时间。

苗木分级的原则是：必须品种纯正，砧木类型一致，地上部分枝条充实，芽体饱满，具有一定的高度和粗度。根系发达，须根多，断根少，无严重病虫害及机械损伤，嫁接口愈合良好。

苗木分级标准可参照当地的要求，但基本要求是：干茎生长发育正常，组织充实，有一定高度和粗度；整形带内要有足够数量、充实饱满的芽，接合部要愈合良好；有发达的根系，包括根的条数、长度及粗度，均需达到一定标准；无检疫对象和严重的病虫害，无严重的机械损伤。将分级后的各级苗木，分别按 20 株、50 株或 100 株绑成捆，以便统计、出售、运输。

在苗木分级时，可结合进行苗木的修剪，剪去有病虫的、过长或畸形的主侧根。主根一般留 20 厘米长后短截（图 2-23）。受伤的粗根也应修剪平滑，以有利根系愈合和生长。地上部的枯枝、病虫枝、残桩、不充实的秋梢和砧木上的萌蘖等，应全部剪除。

图 2-23 修 根

⑥苗木检验 常见的检验项目如下：

苗木径度：以卡尺测量嫁接口上方 2 厘米处主干直径最大值。

分枝数量：以嫁接口上方 25 厘米以上，主干上抽生的一级枝，且长度在 15 厘米以上的分枝。

苗木高度：自土面量至苗木顶端。

嫁接口高度：自土面量至嫁接口中央。

干高：自土面量至第一个有效分枝处。

砧穗结合部曲折度：用量角器测定接穗主干中轴线与砧木垂直延长线之间的夹角。

⑦苗木检验规则 包装苗木的检验，采用随机抽样法：田间苗木采用对角交叉抽样法、十字交叉抽样法和多点交叉抽样法等，抽取有代表性的植株进行检验。

检验批数量为：在 1 万株以下（含 1 万株），抽样 60 株；在 1 万株以上，按 1 万株抽样 60 株计算，超出部分再按 2‰抽样，抽样数计算公式如下：

万株以上抽样数 ＝60＋［（检验批苗木数量— 10 000 ）× 2‰］

一批苗木的抽样总数中，合格单株所占比例为该批次合格率，合格率≥95% 则判定该批苗木合格。

⑧苗木的检疫与消毒 苗木出圃要做好检疫工作。苗木外运

要通过检疫机关检疫，签发检疫证。育苗单位必须遵守有关检疫规定，对带有检疫对象的苗木要严格苗木检疫制度，严禁出圃外运。对检疫性病虫害，要严格把关。一旦发现即应就地烧毁，这对于新发展区尤为重要。

苗木外运或贮藏前都应进行消毒处理，以免病虫害的扩散与传播。对带有一般性病虫害的苗木，应进行消毒，以控制其传播。可用4～5波美度石硫合剂水溶液浸泡苗木10～20分钟，然后再用清水冲洗根部1次。

⑨假植　出圃后的苗木如不能定植或外运，应进行假植（图2-24）。假植苗木应选择地势平坦、背风阴凉、排水良好的地方，挖宽1米、深60厘米东西走向的定植沟，苗木向北倾斜，摆1层苗木填1层混沙土，切忌整捆排放，培好土后浇透水，再培土。假植苗木均怕浸水、怕风干，应及时检查。

图2-24　假　植

⑩苗木的包装与运输　苗木掘起后，要进行包装，一般用的包装材料有：草包、蒲包、聚乙烯袋、涂沥青不透水的麻袋和纸袋、集运箱等。包装时先将湿润物放在包装材料上，然后将苗木根对根放在上面，并在根间加些湿润物（如苔藓，湿稻草，湿麦秸等）；或者将苗木的根部蘸满泥浆。这样放苗到适宜的重量，将苗木卷成捆，用绳子捆住（图2-25）。小裸苗也用同样的办法即可。包装时一定要注意在外面附上标签，在标签上注明树种的

苗龄、苗木数量、等级、苗圃名称等。短距离运输，苗木可散在筐篓中，在筐底放上一层湿润物，筐装满最后在苗木上面再盖上一层湿润物即可。以保证苗根不失水为原则。长距离运输，则裸根苗苗根一定要蘸泥浆，再用湿苫布将苗木盖上。运输过程中，要经常检查包内的湿度和温度，以免湿度和温度不符合苗木运输。如包内温度高，要将包打开，适当通风，并要换湿润物以免发热，若发现湿度不够，要适当加水。另外，运苗时应选用速度快的运输工具，以便缩短运输时间。苗木调运途中严防日晒和雨淋，苗木运达目的地后立即检视，并尽快定植。有条件的还可用特制的冷藏车来运输。

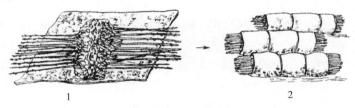

　　　　　　1　　　　　　　　　　　　　　2

图2-25　苗木包装

1.苗木根对根整齐放在包装材料上　2.苗木卷成捆，用绳子捆扎

（四）脱毒苗繁育

　　脐橙的病毒类病害是脐橙生产的潜在危险。由于它种类多，分布广，尤其是黄龙病危害最严重，直接影响脐橙的产量和品质，难于防治，甚至造成大批脐橙园的毁灭。此外，还有衰退病、裂皮病、碎叶病等，已成为影响脐橙产业发展共同关注的重要问题。为此，推广无病毒苗木是脐橙产业一项基础性工作。

　　1. 脱毒容器苗的特点　脱毒容器苗跟普通苗比较具有以下几大优点：①无病毒，不带检疫性病虫害；②具有健康发达的根系，须根多，生长速度快；③高位嫁接，高位定干，树体高大乔化，耐寒耐贫瘠，抗病虫害；④可常年栽植，不受季节影响，没有缓苗期；⑤高产、优质、寿命长、丰产期长。

2. 基础设施

（1）苗圃地选择 苗圃地应选择地势平坦，交通便利，水源充足，通风和光照良好，远离病原，无环境污染的地方，要求苗圃周围 5 000 米内无芸香科植物。网室育苗，1 000 米内无芸香科植物，并用围墙或绿篱与外界隔离。

（2）育苗设施

①脱毒实验室 用于提供脱毒苗，面积在 400～500 米^2，门口设置缓冲间。

②玻璃温室 温室的光照、温度、湿度和土壤条件等，可人工调控，最好具备二氧化碳补偿设施，进出温室的门口要设置缓冲间。温室面积在 1 000 米^2 以上，用于砧木繁殖，年产苗木约100 万株。

③网室 用 50 目网纱构建而成，面积 1 000 米^2 以上。用于无病毒原始材料、无病毒母本园、采穗圃的保存和繁殖。进出网室的门口设置缓冲间，进入网室工作前，用肥皂洗手。操作时，人手要避免与植株伤口接触。网室内的工具要专用，修枝剪在使用于每一棵植株前，要用 1% 次氯酸钠液消毒。网室有以下几种类型：

网室无病毒引种圃：由国家柑橘苗木脱毒中心（重庆中柑所及华中农大柑研所）提供无病毒品种原始材料，每个品种引进 3 株，并种植在网室中。每个品种材料的无病毒后代在网室保存 2～4 年。网室保存的植株，除有特殊要求外，均采用枳作砧木。网室保存的植株，每 2 年要检查 1 次黄龙病感染情况，每 5 年鉴定1 次裂皮病和碎叶病的感染情况。发现受感染植株，应立即淘汰。

品种展示圃：从网室引种圃中采穗，每个品种按 1∶5 的比例繁殖 5 株，种植在大田品种展示圃中，并认真观察其园艺性状。植株连续 3 年显示其品种固有的园艺学性状后，开始用作母本树。

网室无病毒母本园：每个品种材料的无病毒母本树，在无病毒母本园内种植 2～6 株。每年 10～11 月份，调查脐橙黄龙病发生情况。每隔 3 年应用指示植物或血清学技术（酶联免疫吸附试验，ELISA）检测脐橙裂皮病和碎叶病感染情况。每年采果前，观察枝叶生长和果实形态，确定品种是否纯正。经过病害调查、检测和品种纯正性观察，淘汰不符合本规程要求的植株。

网室无病毒采穗圃：从网室无病毒母本园中采穗，用于扩大繁殖，建立网室采穗圃。可以采集接穗的时间，限于植株在采穗圃中种植后的 3 年内。

④育苗容器　有播种器和育苗桶两种。播种器是由高密度低压聚乙烯经加工注塑而成，长 67 厘米，宽 36 厘米，有 96 个种植穴，穴深 17 厘米。每个播种器可播 96 棵枳壳种子，能装营养土 8～10 千克，耐重压，防紫外线，耐高温和低温，耐冲击，可多次重复使用，使用寿命为 5～8 年。育苗桶由线性高压聚乙烯吹塑而成，桶高 38 厘米，桶口宽 12 厘米，桶底宽 10 厘米，成梯形方柱。底部有 2 个排水孔，能承受 3～5 千克的压力，使用寿命为 3～4 年。桶周围有凹凸槽，有利于苗木根系生长、排水和空气的渗透。每桶移栽 1 株砧木大苗。

3. 容器育苗

（1）营养土的配制　营养土可就地取材，采用的配方为泥炭:河沙:谷壳 ＝1.5：1：1（按体积计），长效肥和微量元素肥可在以后视苗木的生长需要而加入。泥炭用粉碎机粉碎，再过筛。其最大颗粒控制在 0.3～0.5 厘米内。河沙若有杂物，则需过筛。栽种幼苗时，土中的谷壳需粉碎；移栽大苗则无须粉碎。配制时要充分拌匀，不能随意增加或减少各成分的用量，以免影响营养土的结构，不利于保肥、保水、透气和苗木根系生长。配制方法：用 1 个容积为 150 升的斗车，按泥炭、沙和谷壳的配方，把各种原料加入到建筑用的搅拌机中搅拌，每次 5 分钟，使其充分混合。可视搅拌机的大小而定加入量，混合后堆积备用。

（2）播种前的准备　将混匀的营养土放入由 3 个各 200 升分

隔组成的消毒箱中,利用锅炉产生的蒸汽消毒,每个消毒箱内安装有两层蒸汽消毒管。消毒管上,每隔 10 厘米打 1 个直径为 0.2 厘米大的孔。管与管之间的蒸汽可以互相循环。每个消毒箱长 90 厘米,深 60 厘米,宽 50 厘米,离地面高 120 厘米。锅炉蒸汽温度保持在 100℃大约 10 分钟,然后将消过毒的营养土堆放在堆料房中,冷却后即可装入育苗容器。

（3）**种子消毒**　播种量是所需苗木的 1.2 倍,同时还需要考虑种子的饱满程度来决定播种量的增加。播种前,要用 50℃热水浸泡种子 5～10 分钟。捞起后,把它放入用漂白粉消过毒的清水中冷却,然后捞起晾干备用。

（4）**播种方法**　播种前,把温室和有关播种器与工具,用 3% 来苏尔或 1% 漂白粉消毒 1 次。装营养土到播种容器中,边装边抖动,装满后搬到温室苗床架上,每平方米可放 4.5 个播种器。然后把种子有胚芽的一端植入土中,这样长出的砧木幼苗根弯曲的比较少,根系发达,分布均匀,生长快速。这是培养健壮幼苗的关键措施之一。播种后覆盖 1～1.5 厘米厚的营养土,灌足水。以后可视温度高低决定灌水次数。

（5）**砧木苗移栽**　当播种苗长到 15～20 厘米高时,即可移栽。移栽前,要对幼苗充分灌水,然后把播种器放在地上,抓住两边抖动,直到营养土和播种器接触面松动,再抓住苗根颈部一提即起。把砧木苗下面的弯曲根剪掉,轻轻抖动后去掉根上营养土,并淘汰主干或主根弯曲苗、畸形苗和弱小苗。装苗之前,先把育苗桶装上 1/3 的营养土,把苗固定在育苗桶口的中央位置。再往桶内装土,边装边摇动,使土与根系充分接触,然后压实即可。但主根不能被弯曲,同时也不能种得过深或过浅。其覆土位置比原来与土壤接触的位置深 2 厘米即可,然后浇足定根水。第二天,施 0.15% 三元复合肥（N：P：K＝15：15：15）。采用以上方法,移栽成活率可达 100%,4～7 天即可发新梢。

（6）**嫁接方法**　当砧木直径达到 0.5 厘米时,即可嫁接。采用"T"形芽接（图2-26），嫁接口高度离土面高23厘米左右。用嫁接刀在砧木上比较光滑的一面，垂直向下划1条2.5～3厘米长的口子，深达木质部。然后在砧木水平方向上横切一刀，长约1.5厘米，并确定完全穿透皮层。在接穗枝条上取一单芽，插入切口皮层下，用长20～25厘米、宽1.25厘米的聚乙烯薄膜从切口底部包扎4～5圈，扎牢即可。每人每天可嫁接1 500～2 000株，成活率一般都在95%以上。为防止品种、单株间的病毒感染，嫁接前对所有用具和手用0.5%漂白粉混悬液消毒。嫁接后给每株挂上标签，标明砧木和接穗，以免混杂。

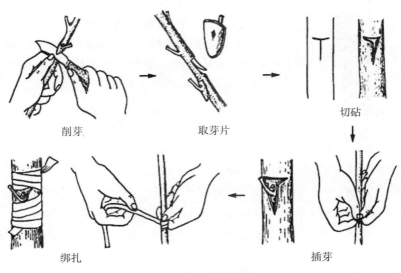

削芽　　　　　取芽片　　　　　切砧

绑扎　　　　　插芽

图2-26 "T"形芽接

（7）嫁接后管理

①解膜、剪砧、补接　在苗木嫁接21天后，用刀在接芽反面解膜。此时嫁接口砧穗结合部已愈合并开始生长，待解膜3～5天后，把砧木顶端接芽以上的枝干反向弯曲过来。把未成活的苗移到苗床另一头进行集中补接。接芽萌发抽梢，待顶芽自剪

后，剪去上部弯曲砧木。剪口最低部位不能低于接芽的最高部位，剪口与芽生长相反方向呈45°倾斜，以免水分和病菌入侵，且剪口平滑。由于容器育苗生长快，嫁接后接芽愈合期间砧木萌芽多，应及时抹除。

②立柱扶苗　容器嫁接苗嫩梢生长快，极易倒伏弯曲，需立柱扶苗（图2-27）。可用长80厘米、粗1厘米左右的竹片或竹

图2-27　立支柱

竿扶苗。第一次扶苗应是嫁接自剪后插柱，插柱位置应离苗木主干2厘米，以便不致伤根。立柱插好后，用塑料带把苗和立柱捆成"∞"字形，不能把苗捆死在立柱上，以免苗木被擦伤或抑制长粗，造成凹痕等，影响生长。应随苗木生长高度而增加捆扎次数。一般应捆3～4次，使苗木直立向上生长而不弯曲。

③肥水管理和病虫害防治　苗木处在最适生长条件下，生长迅速。小苗播种后5～6个月，可长到15厘米以上，即可移栽。移栽后的砧木苗，只需5个月左右就可嫁接，嫁接后6个月左右即可出圃，即从砧木种子播种开始算起，到苗木出圃只需16～17个月。因此，对肥水的要求比较高，一般每周用0.3%～0.5%三元复合肥或尿素淋苗1次。此外，还需根据苗木生长情况，适时进行根外追肥，如尿素使用浓度为0.2%～0.4%。因温室、网室内病虫害比较少，土壤经过消毒，而且不重复使用，所以一般情况下幼苗期喷3～4次杀菌剂防治立枯病、脚腐病、炭疽病和流胶病即可。药剂有甲霜灵、三乙膦酸铝、氢氧化铜等。虫害的防治除用相应的药剂外，还可在温室、网室内设立黑光灯诱杀。要严格控制人员进出，执行严格的消毒措施，防止人为带进病虫源。

（8）苗木出圃

①苗木出圃的基本要求　无检疫性病虫害的脱毒健壮容器

苗，采用枳或枳橙作砧木。要求嫁接部位枳橙砧为 15 厘米以上、枳砧为 10 厘米以上，嫁接口愈合正常，已解除绑缚物，砧木残桩不外露，断面已愈合或在愈合过程中。主干粗直、光洁、高40 厘米以上，具有至少 2 个以上非丛生状分枝，枝长达 15 厘米以上。枝叶健全，叶色浓绿，富有光泽，砧、穗接合部的曲折度不大于 15°。根系完整，主根不弯曲，长 15 厘米以上，侧根、细根发达，根颈部不扭曲。

②苗木分级 在符合砧、穗组合及出圃基本要求的前提下，以苗木径粗、分枝数量、苗木高度作为分级依据。以枳作砧木的脐橙嫁接苗，按生长势的不同分为一级苗和二级苗，其标准见表 2-1。

表 2-1 脐橙无病毒嫁接苗分级标准

种类	砧木	级别	苗木径粗（厘米）	分枝数量（条）	苗木高度（厘米）	根系	
						侧根数（条）	须根
脐橙	枳	1	≥ 0.8	≥ 3～4	50	≥ 3	发达
		2	≥ 0.7	≥ 2～3	40	≥ 2	较发达

以苗木径粗、分枝数量、苗木高度三项中最低一项的级别定为该苗级别。低于 2 级标准的苗木即为不合格苗木。

③苗木调运 连同完整容器（容器要求退回苗圃，以再次利用）调运，苗木分层装在有分层设施的运输工具上，分层设施的层间高度以不伤枝叶为准。苗木调运途中严防日晒和雨淋，苗木运达目的地后立即检视，并尽快定植。

（9）**苗木假植** 营养篓假植苗是容器育苗的一种补充形式。具有栽植成活率高，幼树生长快，树冠早成形，早投产，便于管理，并可做到周年上山定植等优点。

①营养篓的规格 采用苗竹、黄竹、小山竹和藤木等材料，编成高 30 厘米、上口直径为 28 厘米、下口直径为 25 厘米、格孔大小为 3～4 厘米的小竹篓（图 2-28）。

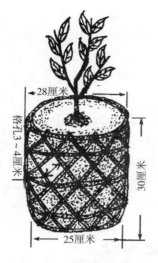

图 2-28　营养篓规格及苗木假植示意图

②营养土的配制

方式一：以菜园土、水稻田表土、塘泥土和火土为基础，每方土中加入人粪尿或沼液 1～2 担（50～100 千克）、钙镁磷肥 1～2 千克、垃圾（过筛）150 千克、猪牛栏粪 50～100 千克、谷壳 15 千克或发酵木屑 25 千克，充分混合拌匀做堆。堆外用稀泥湖成密封状，堆沤 30～45 天，即可装篓（袋）栽苗。

方式二：以菜园土、水稻田表土、塘泥土和火土为基础，每立方米土中加入饼肥 4～5 千克、三元复合肥 2～3 千克、石灰 1 千克、谷壳 15 千克或发酵木屑 25 千克，充分混合拌匀做堆。堆外用稀泥湖成密封状，堆沤 30～45 天，即可装篓（袋）栽苗。

方式三：按 50% 水稻田表土、40% 蘑菇渣、5% 火土灰、3% 鸡粪、1% 钙镁磷肥和 1% 三元复合肥的比例配制，待营养土稍干后，充分混合，耙碎拌匀做堆。堆外用稀泥湖成密封状，堆沤 30～45 天，即可装篓（筐）栽苗。

③苗木假植时间　沙糖橘苗木进入营养篓（袋）假植，最适宜时间为 10 月上旬至下旬秋梢老熟后。此时气温开始下降，天气变得凉爽，蒸发量不大，但 10 厘米地温尚高，苗木栽后根系能得到良好愈合，并发出新根，有利于安全越冬。

④假植方法　苗木装篓假植前，先解除苗木嫁接口的薄膜带，将主、侧根的伤口剪平，并适当剪短过长的根，以利伤口愈合和栽植。假植时，营养篓内先装 1/3～1/2 的营养土，再把苗木放在篓的中央，将根系理顺，一边加营养土，一边将篓内营养土压紧，使根系与营养土紧密结合。土填至嫁接口下即可。4～6篓排成一排，整齐排成畦，畦的宽度为 120 厘米，畦与畦之间留

宽30厘米以上的作业小道,以便于苗期管理(图2-29)。篓与篓之间的空隙要用细土填满,用稻草或芦箕进行覆盖,以保温并防止杂草滋生。最后,浇足定根水。

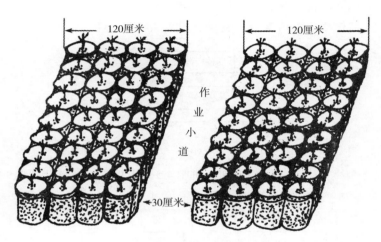

图2-29　营养篓苗木假植方法

⑤假植苗的管理　采用营养篓假植苗木,应做好以下几项工作,以确保苗木的质量。

搭棚:秋冬假植的苗木,注意搭棚遮盖防冻,霜冻天晚上遮盖,白天棚两头注意通风透气或不遮盖,开春后揭盖。

水分管理:空气干燥的晴天,注意浇水,保持篓内土壤湿润,雨季则应注意开沟排水。

施肥:苗木假植期,施肥做到勤施薄施。苗木生长期间,一般每隔15～20天浇施1次腐熟稀薄人粪尿(或腐熟饼肥稀释液)或0.3%尿素加0.5%三元复合肥混合液。秋梢生长老熟后则停止土壤施肥。如叶色欠绿,则可每月叶面喷施1次叶面肥,如叶霸、氨基酸、倍力钙等。

加强病虫害防治:加强病虫害防治。脐橙幼苗一年多次抽梢,易遭受食叶性害虫,如金龟子、凤蝶、象鼻虫、潜叶蛾、红蜘蛛和炭疽病、溃疡病等病虫危害，要加强观察，及时防治。

除萌蘖和摘除花蕾：除萌蘖和摘除花蕾。主干距地面20厘米以下的萌蘖枝，要及时抹除，保证苗木的健壮生长。同时，要及时摘除花蕾，疏删部分丛生弱枝，促发枝梢健壮生长。

脐橙无病毒苗木繁育流程如图2-30所示。

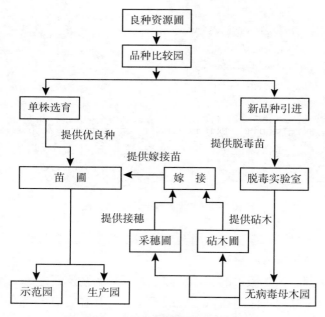

图2-30　脐橙无病毒苗木繁育流程图

三、高接换种

高接换种就是在原有老品种的主枝或侧枝上，换接优良品种（新品种）的接穗，使原有品种得到更新的一种方法。

（一）高接换种的意义

高接换种，由于充分利用了原有植株的强大根系和枝干，营养充足，能很快形成树冠，恢复树体，可以达到提早结果，对改造旧果园、更换良种园中混杂的劣株、实现良种区域化、提高产量和品质、加快良种选育等都具有重要的意义。

（二）品种选择

1. 高接品种　高接品种，是经过试验证明，比原有品种更丰产，品质更优良，抗逆性更强，并具有较高的市场竞争力的新品种；或是一些新选、新育和新引种的优良株系的接穗，通过高接，扩大接穗来源；为了加快良种的选育，通过高接在已结果的成年树上，可缩短幼龄树期，提早进入结果，达到提前鉴定遗传性状的目的。

2. 被换接品种　被换接的品种，一是品种已发生退化，品质变劣，经过高接换种，可更换劣品种；二是需要调整品种结构，提高市场竞争力，以达到"高产、优质、高效"栽培；三是长期不结果的实生树，经过高接换种，可达到提早结果，提早丰产的目的；四是树龄较长，已经进入衰老阶段，或是长期失管的果园，树体衰弱，通过高接壮年树上的良种接穗，可达到更新树体、恢复树势和提高产量的目的。

（三）高接换种时期

高接换种的时期，通常应选择春、秋两季较为适合。春季为 2 月下旬至 4 月份；秋季为 8 月下旬至 10 月份。夏季，由于气温过高，在超过 24℃时，不适宜高接换种。因此，夏季，即 5 月中旬至 6 月中旬，不宜进行大范围的高接换种，只能进行少量的补接。

（四）高接换种方法

高接换种的方法，可选择切接、芽接和腹接。如果被接树枝较粗大时，也可选用劈接法。嫁接方法，除砧木部位不同外，与苗圃嫁接方法相同。

1. 春季 春季可采用切接、劈接和腹接。即在树枝上部，选用切接法，并保留 1/3 ～ 1/4 量辅养枝，以制造一定的养分，供给接穗及树体的生长；在树枝中部、砧木较粗大时，可采用劈接法，在砧桩切面上的切口中，可接 1 ～ 2 个接穗；在树枝的中下部，可采用腹接法。

2. 秋季 秋季可采用芽接和腹接，以芽接为主，腹接为辅。

3. 夏季 夏季可采用腹接和芽接，以腹接为主，芽接为辅。

（五）高接换种部位

高接换种的部位，应从树形和降低嫁接部位方面去考虑。一般幼树可在一级主枝上 15 ～ 25 厘米处，采用切接或劈接，接 3 ～ 6 枝；较大的树，在主干分枝点以上 1 米左右，选择直立、斜生的健壮主枝或粗侧枝，采用切接或劈接时，离分枝 15 ～ 20 厘米处锯断，进行嫁接，一般接 10 ～ 20 枝，具体嫁接数量可根据树冠大小及需要而定。如果采用芽接和腹接的活，则不必回缩，只要选择分布均匀，直径 3 厘米以下的侧枝中、下部进行高接。无论采用哪种高接法，都不要接得太高，要尽可能降低嫁接部位。嫁接部位太高，不仅树冠不紧凑，管理不方便，而且养分输送距离长，不利结果。高接时还要考虑枝条生长状态，直立枝接在外侧，斜生枝接在两侧，水平枝接在上方。

（六）高接换种后的管理

1. 伤口消毒包膜，防止病菌入侵 高接换种时，采用芽接和腹接作业者，接后，立即用塑料薄膜包扎伤口，要求包扎紧密，防止伤口失水干燥，影响成活。对于高接树枝较粗者，通常采用切接和劈接法进行作业，要求用 75% 酒精进行伤口消毒，涂上树脂净或防腐剂（如油漆、石硫合剂等）进行防腐，然后包扎塑料薄膜，进行保湿。对于主干和主枝，可用 2% ～ 3% 石灰

水（加少许食盐，增加黏着性）刷白，以防日灼和雨水、病菌
侵入。

2. 检查成活，及时补接　高接后 10 天左右检查成活情况，
凡接穗失去绿色，表明未接活，应立即补接。

3. 解膜、剪砧

（1）春季　采用切接、劈接和腹接作业者，待伤口完全愈合
后，接穗保持绿色者，及时解除薄膜，切忌过早除去包扎物，以
免影响枝芽成活。

（2）夏季　采用腹接和芽接作业者，待伤口完全愈合后，接
芽保持绿色者，及时解除薄膜带，露出芽眼，及时剪砧，以免影
响接芽的生长。剪砧分两次剪砧，第一次剪砧的时间是在接穗芽
萌发后，在离接口上方 15～20 厘米处剪断，保留的活桩可作新
梢扶直之用。待新梢停止生长时，进行第二次剪砧，在接口处以
30°角斜剪去全部砧桩，要求剪口光滑，不伤及接芽新梢，伤口
涂接蜡或沥青保护，以利愈合。

（3）秋季　采用芽接和腹接作业者，应在翌年立春后解除薄
膜，露出芽眼，并进行剪砧，防止接穗越冬时受冻死亡。

4. 及时除萌，促进接芽生长　高接后，在接穗萌发前及萌
发抽梢后的生长期中，砧桩上常抽发大量萌蘖，要及时除去砧木
上的所有萌蘖，一般 5～7 天抹除萌蘖 1 次，以免影响接芽生长，
并可用刀削去芽眼，促使接穗新梢生长健壮。

5. 适时摘心整形，设立支柱护苗　高接后，当接芽抽梢
20～25 厘米长时，应摘心整形。摘心可促进新梢老熟，生长粗
壮，及早抽生侧枝，增加分枝级数，促使树冠早形成、早结果。
以后再次抽发的第二次梢和第三次梢，均应留 20～25 厘米长时
摘心，培养紧凑树冠。接穗新梢枝粗叶大，应设立支柱，加以保
护，以防机械损伤和风吹折断。

6. 加强病虫害防治　接穗新梢生长期，要加强病虫害防治，
尤其要防治好凤蝶、潜叶蛾、蚜虫、卷叶蛾和红蜘蛛等害虫的危

害，保护新梢叶片，促使接穗新梢生长健壮。

四、良种选育

（一）选种时间与程序

脐橙极易产生芽变，现在栽培的许多脐橙品种（系）几乎都是从华盛顿脐橙的芽变或株心系选育出的。脐橙通常采用枳作砧木，进行嫁接繁殖。通过嫁接无性繁殖的脐橙选种，称为营养系选种。营养系选种主要是利用其自然变异，包括芽变异、枝变异和株变异3个方面。枝变和株变其实质也系芽变发展而来，因此又称芽变选种，生产中可进行脐橙芽变选种。

1. 选种时间　原则上，芽变选种宜在整个生长发育过程中的各个时期进行。选择果实早熟芽变时，选种时间要在比原品种成熟早10～15天进行；选择果实晚熟芽变时，要在果实成熟期进行。抗逆性的芽变的选择，应安排在灾害发生期；抗病性强的芽变的选择，应在发病严重时进行；抗寒性强的芽变的选择，应在冻害发生后进行；抗旱性强的芽变的选择，应在遇到长期干旱后进行。

2. 选种程序　营养系选种的程序包括初选、复选和决选3个方面。

（1）**初选**　寻找发现变异，并对变异进行初步鉴定、筛选的过程，叫作初选。一般采用田间普查与群众选优报优相结合的方法开展初选工作。

（2）**复选**　对初选单株进行全面系统的比较鉴定，叫作复选。复选方法包括遗传性测定、品种比较试验、区域性试验和生产性试验（又称中间试验）。

（3）**决选**　在复选的基础上，对优良选种单株（或株系）进行全面系统的审查，做出可否成为新品种（品系）的最后鉴定，叫作决选。决选除了要有相关试验资料外，还要有代表性的鲜果和试验现场，并经省或全国性脐橙品种审定机构组织评审，做出能否命名和推广的结论。

（二）良种母本园建立

1. 建立良种母本园的意义　苗木质量的好坏，直接影响到树体的生长发育和抗逆性的强弱，影响进入结果期的早晚，最终影响产量和品质。建立良种母本园，培育纯正的良种壮苗是脐橙"丰产、优质、高效"栽培中极其重要的环节，它直接关系到脐橙建园的成败。建立良种母本园的社会效益，远远超过其育苗本身的经济效益。

2. 建立良种母本园的方法步骤

（1）原始母本树选择　每年采果前，观察枝叶生长和果实形态，确定品种是否纯正。经过品种纯正性观察，淘汰不符合本规程要求的植株。选定综合性状优良、长势良好、丰产优质、品种纯正的优良单株作为原始母本树。原始母本树入选原则：树龄在10年以上，有品种、品系的名称、来历及品质、树性等记载资料；经济性状优良，品种纯正，遗传性稳定；树形、叶形、果形一致，没有不良变异。

（2）原始母本树感病情况鉴定与脱毒

①鉴定　每年10～11月份，调查原始母本树脐橙黄龙病发生情况。每隔3年应用指示植物（如葡萄柚、番茄）或血清学技术，检测脐橙衰退病及裂皮病等感染情况。经过病害调查和检测，淘汰不符合要求的植株。

②原始母本树感病情况的鉴定标准　3年内无衰退病及裂皮病的典型症状；抗衰退病的血清测定无阳性反应；经电镜检查未发现原核微生物的线状病毒质粒。

③脱毒　培养脐橙无病毒苗木，可通过茎尖嫁接或热处理与茎尖嫁接相结合，进行脱毒，获得无病毒母本树。

（3）**母本园建立** 母本园中栽植的良种母本树，主要为培育纯正良种苗提供接穗。经芽变选种，通过专业部门鉴定，确定为优良单株，选择土层深厚、肥沃、排水良好、小气候优越的地方定植，做到大苗密植，为通常株行距定植的2倍，大肥大水，精细管理，并建立单株档案，保证随时有足够的良种繁殖材料供应。母本树管理的要求是：专供剪穗，不宜挂果，可进行夏季修剪，短截枝条，去除果实，促发较多新枝，保证生产足够的接穗；精细管理，增加施肥量，注意防治病虫害；采穗前如遇干旱天气，应对母本树连续浇水2～3次，提高枝叶含水量，以利嫁接削芽时芽片光滑，有利于提高嫁接成活率。

第三章

脐橙园建立

脐橙是多年生常绿果树，一经种植长期在一个固定的地方生长结果。栽培地的气候、土壤和水源等环境条件，直接影响脐橙的生长发育和经济效益。因此，园地的选择是否恰当，这就要从气候、土壤和水源等条件入手，做出科学的论证。建园时，园地的规划、品种的选择、栽植密度与栽培技术等都非常重要。为实现高产、优质、高效的脐橙栽培目的，必须高标准建园。

一、园地选择与规划

（一）园地选择

1. 气候条件 栽植脐橙适宜的气温条件是：年平均气温 15℃～22℃，生长期间 ≥ 10℃年活动积温在 4 500℃～8 000℃。冬季极端低温为 -5℃以上，1月份平均温度 ≥ 8℃，年降水量在 1 200～2 000毫米，空气相对湿度 65%～80%，年日照在 1 600 小时左右，昼夜温差大，无霜期长，有利于脐橙品质的提高。

2. 土壤条件 脐橙适应性强，对土壤要求不严，红壤、紫色土、冲积土等均能适应，但以土层深厚、肥沃、疏松、排水通气性好，pH 值 6～6.5 微酸性，保水保肥性能好的壤土和沙壤土为佳。红壤和紫色土通过土壤改良，也适合脐橙种植。

3. 水源条件 水分是脐橙树体重要组成部分，枝叶中的水分含量占总重的 50%～75%，根中的水分占 60%～85%，果肉中的水分占 85% 左右。水分亦是脐橙生长发育不可缺少的因素，当水分不足时，生长停滞，从而引起枯萎、卷叶、落叶、落花、落果，降低产量和品质。因此，建立脐橙园，特别是大型脐橙园，应选择近水源或可引水灌溉的地方。当水分过多时，土壤积水，土壤中含氧量降低，根系生长缓慢或停止，也会产生落叶落果及根部危害。尤其是低洼地，地下水位较高，逢降雨多的年份，易造成脐橙园积水，常常产生硫化氢等有毒害的物质，使脐橙根系受毒害而死亡。同时，地势低洼，通风不良，易造成冷空气沉积，脐橙开花期易受晚霜危害，影响产量。因此，在低洼地不宜建立脐橙园。

4. 园地位置 丘陵山地建园，应选择在 25°以下的缓坡地为宜，具有光照充足、土层深厚、排水良好、建园投资少、管理便利等优点。平地或水田建园，必须深沟高畦种植，以利排水。平地建园具有管理方便，水源充足，树体根系发达，产量高等优点。但果园通风、日照及雨季排水往往不如山地果园。特别要考虑园地的地下水位，以防止果园积水。通常要求园地地下水位应在 1 米以上。另外，园地的选择，还要考虑交通因素。因为果园一旦建立，就少不了大量生产资料的运入和大量果品的运出，没有相应的交通条件是不行的。

（二）园地规划

园地选定后，应根据建园要求与当地自然条件，本着充分利用土地、光能、空间和便于经营管理的原则，进行全面的规划。规划的具体内容包括：作业小区的划分、道路设置、水土保持工程的设计、排灌系统的设置，以及辅助建筑物的安排等。

1. 作业小区的划分 根据地形、地势和土壤条件，为便于将来耕作管理，应因地制宜地将果园划分成不等或相等面积的作业小区。果园小区的面积大小，取决于果园规模、地形及地貌。同一小区，要求土壤类型、地势等尽量保持一致。小区的划分，应以便于管理，有利于水土保持和便于运输为原则。一般不要跨越分水岭，更不要横跨凹地、冲刷沟和排水沟。小区面积不宜过大或过小，过大管理不便，过小浪费土地。通常，小区面积大则1～2公顷，小则0.6～1公顷。在丘陵山地建园，地面崎岖不平，小区面积甚至可小于0.4公顷。

2. 道路的设置　因地制宜地规划好园路系统，可方便田间作业，减轻劳动强度，降低生产成本。道路的设置应根据果园面积的大小，规划成由主干道、支道和田间作业道组成的道路网。

（1）主干道　主干道要求位置适中，贯穿全园，与支道相通，并与外界公路相接。一般要求路宽5～7米，能通行大汽车，是果品、肥料和农药等物资的主要运输道路。山地果园的主干道，可以环山而上，或呈"之"字形延伸（图3-1），路边要修排水沟，以减少雨水对路面的冲刷。

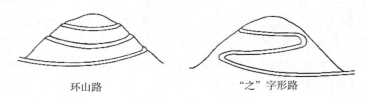

环山路　　　　　　　　　　　"之"字形路

图3-1　山地主干道

（2）支道　支道可与小区规划结合设置，作为小区的分界线。支道应与主干道相连，要求路宽3～4米。山地建园，支道可沿坡修筑，但应具有0.3%的比降，不能沿等高线修筑。

（3）田间作业道　为方便管理和田间作业，园内还应设田间作业道，要求路面宽1～2米。小区内应沿水平横向及上下坡纵向，每隔50～60米设置一条小路。

3. 水土保持工程的设计　在山地建立脐橙园，必须规划和兴建水土保持工程，以减少水土流失，为脐橙的生长发育奠定良好的基础。

（1）营造涵养林　在果园最高处山顶，保留植被，作为涵养林，这就是通常所说的"山顶戴帽"。涵养林具有涵养水源、保持水土、降低风速、增加空气湿度、调节小气候等作用。一般坡度在 15°以上的山地要求留涵养林。涵养林范围应占坡长的 1/5～1/3。

（2）修筑等高截洪沟　15°以上的山地，应在涵养林下方挖宽、深各 1 米的等高环山截洪沟。挖截洪沟时，要将挖起的土堆在沟的下方，做成小堤。截洪沟可以不挖通，每隔 10～20 米留一土埂，土埂比沟面高 20～30 厘米，以拦截并分段拦蓄山顶径流，防止山洪冲刷梯田。截洪沟与总排水沟相接处，应用石块砌一堤埂或种植草皮，也可在此处建一个蓄水池，以防止冲刷。

（3）修筑等高梯田　等高梯田是将陡坡变成带状平地，使种植面的坡度消失，可以防止雨水侵蚀冲刷，起到保水、保肥、保土作用。目前，江西赣南盛行修筑的是反坡梯田，即在同一等高水平线上，把梯田面修成内低外高，里外高差 20 厘米左右，形成一个倾斜面。

（4）挖竹节沟　在梯壁脚下挖掘背沟，沟宽 30 厘米，深 20～30 厘米，每隔 10～15 米在沟底挖一宽 30 厘米、深 10～20 厘米的沉沙坑，并在下方筑一小坝，形成"竹节沟"，使地表水顺内沟流失，避免大雨时雨水冲刷梯壁而崩塌垮壁。

4. 排灌系统的设置　有的地区，如江西赣南地区，雨量充沛，但年降雨量分布不均匀。上半年阴雨绵绵，以至地面积水，有时伴有暴雨成灾。下半年常出现伏秋干旱，对脐橙的正常生长发育很为不利。因此，山地脐橙园必须具有良好的排灌设施。灌溉用的水源主要有池塘、水库、深井和河流等，灌溉系统的设置在建园前应认真考虑，并首先建设好。

规划排灌系统的原则：以蓄为主，蓄排兼顾，降水能蓄，旱时能灌，洪水能排，水不流失，土不下山。

（1）**蓄水和引水** 山地建园，多利用水库、塘、坝来拦截地面径流，蓄水灌溉。如果果园是临河的山地，需制订引水上山的规划；若距河流较远，则宜利用地下水（挖井）为灌溉水源。

（2）**等高截洪沟** 在涵养林下方挖一条宽、深各1米的等高环山截洪沟，拦截山水，将径流山水截入蓄水池。下大雨时，要将池满后的余水排走，以保护园地免冲刷。

（3）**排（蓄）水沟** 纵向与横向排（蓄）水沟要结合设置。纵向（主）排水沟，可利用主干道和支道两侧所挖的排水沟（深、宽各50厘米），将等高截洪沟和部分小区排水沟中蓄纳不了的水，排到山下。横向排水沟，如梯田内侧的"竹节沟"，可使水流分段注入主排水沟，减弱径流冲刷。

（4）**引灌设施**

①修筑山塘或挖深水井 水源丰富的地方，可修筑山塘或挖深水井，用于引水灌溉。

②修筑大型蓄水池 在果园最高处，也可在等高截洪沟排水口处，修建大型蓄水池，容量为100米^3，并且安装管道，使水通往小区，便于浇灌。

③简易蓄水池 每个小区内，要利用有利地势，修建1个20～30米^{3}的简易蓄水池，以便在雨季蓄水，旱季用于浇灌。

5. 辅助建筑物的安排 辅助建筑物包括管理用房，药械、果品、农用机具等的贮藏库。管理用房，即场部（办公室、住房），是果园组织生产和管理人员生活的中心。小型果园场部应安排在交通方便、位置比较中心、地势较高而又距水源不远或提水引水方便的地方；大型果园场部应设在果园干道附近，与果园相隔一定距离，防止非生产人员进入果园，减少危险性病虫带进果园。杜绝检疫性病虫，通过人为因素传播，在果园中蔓延，确保生产安全。果品仓库应设在交通方便，地势较高、干燥的地方；贮藏保鲜库和包装厂应设在阴凉通风处。此外，包装场和配药池等，建在作业区的中心部位较合适，以利于果品采收集散和便于药液运输。粪池和沤肥坑，应设置在各区的路边，以便于运送肥料。一般每 0.6～0.8 公顷的脐橙园，应设水池、粪池或沤肥坑，以便于小区施肥、喷药。

二、园地开垦

（一）山地果园开垦

1. 修筑等高梯田　梯田是山地果园普遍采用的一种水土保持形式，它是将坡地改成台阶式平地，使种植面的坡度消失，从而防止了雨水对种植面的土壤冲刷。同时，由于地面平整、耕作方便、保水保肥能力强，因而所栽植的脐橙生长良好，树势健壮（图 3-2）。

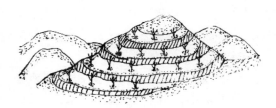

图 3-2　水平梯田

（1）**清理园地**　把杂草、杂木与石块清理出园，草木可晒干后集中烧掉作肥料用。

（2）**确定等高线**

①测定竖基线　以作业小区为施工单位，选择有代表性的坡面，用绳索自坡顶拦洪沟到坡脚牵直画一直线，即为竖基线。选择画竖基线处的坡面要有代表性，若坡度过大，则全区梯面多数太宽；若过小，全区梯面会出现很多过窄的"羊肠子"。

梯田由梯壁、梯面、边埂和背沟（竹节沟）组成（图3-3）。

图3-3 梯田结构
1. 原坡面 2. 梯面 3. 梯壁 4. 边埂 5. 背沟

②测定基点 基点是每条梯面等高线的起点。在距坡顶拦洪沟以下3米左右处竖基线上定出第一个基点，即第一梯面中心点，打上竹签，做好标记。选一根与设计梯面宽相等的竹竿（或皮尺），将其一端放在第一个选定的基点上，另一端系绳并悬重物，顺着基线执在手中，使竹竿顺竖基线方向保持水平，悬重物垂直向下指向地面的接触点，就是第二个基点。依次得出第三、第四，……个基点，基点选出后，各插上竹签。

③测定等高线 等高线的测定，通常以竖基线上各基点为起点，向左右两侧测出。其方法如下：

方法一：用等腰人字架（图3-4）测定。人字架长1.5米左右，两人操作，一人手持人字架，一人用石灰画点，以基点为起点，向左右延伸，测出等高线。测定时，人字架顶端吊一铅垂线，将人字架的甲脚放在基点上，乙脚沿山坡上下移动，待铅垂线与人字架上的中线相吻合时，定出的这一点为等高线上的第一个等高点，并做上标记。然后使人字架的乙脚不动，将甲脚旋转180°后，沿山坡上下移动，当铅垂线与人字架上的中线相吻合时，测出的这一点为等高线上的第二个等高点。照此法反复测定，直至测定完等高线上的各个等高点为止。将测出的各点连接起来，即为等高线。依同样的方法测出各条等高线（图3-5）。

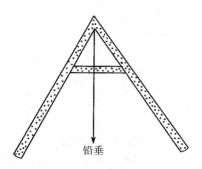

铅垂

图 3-4　等腰人字架

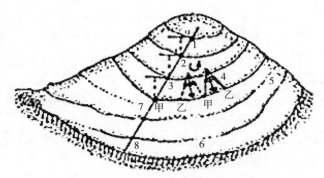

图 3-5　用等腰人字架测定基点、等高线示意图

1. 第一个基点　2. 第二个基点　3. 第三个基点
4. 等腰人字架　5. 基线　6. 等高线　7. 增线　8. 减线

　　方法二：用水平仪或自制双竿水平等高器（图 3-6）测定。用两根标写有高度尺码的竹竿，两竿等高处捆上 10 米长绳索，绳索中央固定一木制等边三角板，在三角板底边中点悬一重物。当两端竹竿脚等高时，则重垂线正好对准三角板的顶点。若要求比降时，则先计算出两竿间距的高差。高差＝比降×间距。如要求比降为 0.5%，两竿间距为 10 米，则两竿高差为 0.5%×1 000 厘米＝5 厘米。如一端系在甲竿的 160 厘米处，则另一端应系在乙竿的 155 厘米处，绳索牵水平后，两点间的比降即为

0.5%。操作时，3人一组，以基点为起点，甲人将甲竿垂直立于基点，高为A点。乙人持乙竿垂直，同时拉直绳索在基点一侧坡地上下移动。第三人看三角板的垂直线指挥，当垂线正好位于三角板顶端时，乙竿所立处即为与A点等高的A_1点。以此类推，测出A_2、A_3、A_4、A_5……各点，将各点连接，即为梯面的中心等高线（图3-7）。

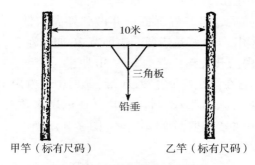

图3-6 自制双竿水平等高器

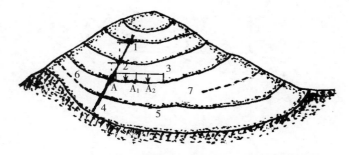

图3-7 用双竿水平等高器测定基点、等高线示意图
1.第一个基点 2.第二个基点 3.双竿水平等高器
4.基线 5.等高线 6.减线 7.增线

由于坡地地形及地面坡度大小不一，在同一等高线上的梯面可能宽窄不一。等高线测定后，必须进行校正。按照"大弯随弯，小弯取直"的原则，通过增线或减线的方法，进行调整。也

就是等高线距离太密时，应舍去过密的线；太宽时又酌情加线。经过校正的等高线就是修筑梯田的中轴线，按照一定距离定下中线桩，并插上竹签。

全园等高线测定完成后，即可开始施工修筑梯田。

（3）梯田的修筑方法　修筑梯田，一般从山的上部向下修。修筑时，先修梯壁（垒壁）。随着梯壁的增高，将中轴线上侧的土填入，逐一层层踩紧捣实。这样边筑梯壁边挖梯（削壁），将梯田修好。然后，平整好梯面，并做到外高内低，外筑埂而内修沟，即在梯田外沿修筑边埂。边埂宽30厘米左右，高10～15厘米。梯田内沿开背沟，背沟宽约30厘米，深度20～30厘米。每隔10米左右在沟底挖一宽30厘米、深10～20厘米的沉沙坑，并在下方筑一小坝，形成"竹节沟"，使地表水顺内沟流失，避免大雨时雨水冲刷梯壁而崩塌垮壁（图3-8）。

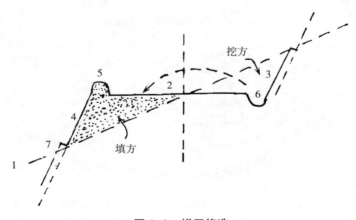

图3-8　梯田修造
1.原坡面　2.梯面（内斜式）　3.削壁　4.垒壁
5.边埂　6.背沟　7.壁间

（4）挖壕沟或种植穴　山地、丘陵地采用壕沟式，即将种植行挖深60～80厘米、宽80～100厘米的壕沟。挖穴时，应以栽植点为中心，画园挖掘，将挖出的表土和底土分别堆放在定植穴的两侧。最好是秋栽树，夏挖穴；春栽树，秋挖穴。提前挖穴，可使坑内土壤有较长的风化时间，有利于土壤熟化。如果栽植穴内有石块、砾片，则应捡出。特别是土质不好的地区，挖大穴对改良土壤有着极其重要的作用。一般深度要求在 60～100 厘米。水平梯田定植穴、沟的位置，应在梯面靠外沿 1/3～2/5 处（图 3-9），即在中心线外沿，因内沿土壤熟化程度和光线均不如外沿，且生产管理的便道都设在内沿。

图 3-9　外高里低台面及栽树位置

1. 梯面（内斜式）　2. 边埂　3. 背沟
4. 1/3～2/5 处栽树

（5）回填表土与施肥　无论是栽植穴还是栽植壕沟，都必须施足基肥，这就是通常所说的大肥栽植。栽植前，把事先挖出的表土与肥料回填穴（沟）内。回填通常有两种方式，一种是将基肥和土拌匀填回穴（沟）内，另一种是将肥和土分层填入（图 3-10）。一般每立方米需新鲜有机肥 50～60 千克或干有机肥 30 千克、磷肥 1 千克、石灰 1 千克、饼枯 2～3 千克，或每 667 米^2

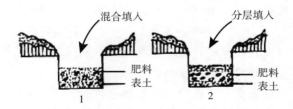

图 3-10　栽植穴（沟）的施肥回填方式

1. 肥料与表土混合填入　2. 肥料与表土分层填入

施优质农家肥 5 000 千克。

2. 挖鱼鳞坑 在坡度较大、地形复杂的山坡地，不适合修水平梯田和撩壕时，可以挖鱼鳞坑来进行水土保持，或因一时劳力不足、资金紧缺、来不及修筑梯田的山坡，可先挖鱼鳞坑（图3-11），以后逐步修筑水平梯田。

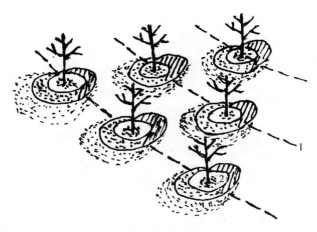

图 3-11　鱼 鳞 坑
1. 等高线　2. 小圆台

（1）**确定定植点** 修筑时，先定基线，测好等高线，其方法与等高梯田相同。在等高线上，根据果树定植的行距来确定定植点。

（2）**挖坑** 以定植点为中心，从上部取土，修成外高内低半月形的小台面，大小为 2～5 米^2，一半在中轴线内，一半在中轴线外，台面的外缘用石块或土堆砌，以利保蓄雨水。将各小台面连起来看，好似鱼鳞状排列。

（3）**回填表土、有机肥** 在筑鱼鳞坑时，要将表土填入定植穴，并施入有机肥料。这样栽植的果树才能生长好。

3. 撩壕 撩壕（图3-12），是在山坡上，按照等高线挖成等高沟，把挖出的土在沟的外侧堆成垄，在垄的外坡栽果树，这种方法可以削弱地表径流，使雨水渗入在撩壕内，既保持了水土，又可增加坡的利用面积。

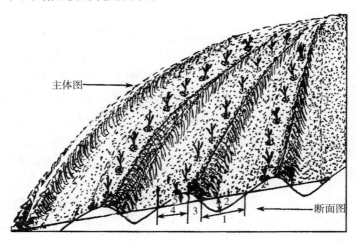

图 3-12 撩 壕
1.壕宽 2.壕深 3.壕内坡 4.壕外坡 5.壕高

（1）**确定等高线** 其方法与等高梯田相同。

（2）**挖撩壕** 撩壕规格伸缩性较大，一般自壕顶到沟心，宽1～1.5米，沟底距原坡面25～30厘米，壕外坡宽1～1.2米，壕高（自原坡面至壕顶）25～30厘米。撩壕工程不大，简单易行，而且坡面土壤的层次及肥沃性破坏不大，保水性好，撩壕增厚了土层，所以对果树生长是很有利的，适合于坡度较小的缓坡（5°左右）地建园时采用。但撩壕没有平坦的种植面，不便施肥管理，尤其在坡度过大（超过10°）时，撩壕堆土困难，壕外土壤流失大。因此，撩壕应用范围小，是临时的水土保持措施。

（3）**回填表土** 把事先挖出的表土与肥料回填沟内。回填通常有两种方式，一种是将基肥和土混匀填回沟内，另一种是将肥和土分层填入。

（二）旱地果园开垦

1. 平地果园的开垦　平地包括旱田、平缓旱地、疏林地及荒地。

规模在 10 公顷以上的果园，可采用重型大马力拖拉机进行深犁（30 厘米），重耙 2 次后，与坡度直方向定线开行和定坑，根据果树树种来确定行株距。如坡度在 5°～10°可按等高线定行。按同坡向 1 公顷或 2～3 公顷为一小区，小区间 1 米宽的小道（或小工作道），4 个以上的小区间设 3 米宽的作业道与支道相连。果园内设等高防洪、排水、蓄水沟；防洪沟设于果园上方，宽 100 厘米×深 60 厘米；排水和蓄水沟深 30 厘米×宽 60 厘米。

规模在 10 公顷以下的小果园，由于设在平地或平缓地，应精心开垦和进行集约化栽培与管理，在有限的土地面积中夺取优质、高产、高效益。开垦中尽量采用大马力重型拖拉机进行深耕重耙 2 次，然后根据地形地势和果树树种按等高或直线确定行株距。地势在 5°～10°，可采用水平梯田开垦，根据果树树种来确定行株距；地势在 5°以下，地形完整的经犁耙可按直线开种植畦，畦开浅排水沟，沟宽 50 厘米，深 20 厘米，种植坑直径 1 米，深 0.8～1 米。如在旱田或地下水位高的旱地建园，必须深沟高畦，以利排水和果树根系正常生长。

2. 丘陵果园的开垦　海拔高度在 400 米以下、坡度在 20°以内的丘陵地建果园较为适宜。

（1）兴建 10 公顷以上的果园　可根据海拔高度、坡面大小、坡度大小的不同，采取不同的方法挖种植坑：①坡度在 10°～15°、坡地面积在 5 公顷以上、海拔在 200 米以下的丘陵地，可采取 33.12 千瓦（45 马力）履带式或中型具挖土和推地于一体的多功能拖拉机，先按行距离等高定点线推成 2～3 米宽的水平梯带，而后再按株距定点挖种植坑（1 米见方）。②海拔在

200～400 米高、坡高 15°～20°、坡地面积在 5 公顷以下的丘陵地，先按行距等高定点线挖、推成 1～1.5 米宽水平梯带，而后按株距定点挖成 0.6 米×0.6 米×0.6 米的种植坑。

（2）兴建 10 公顷以下的果园　可根据开垦地海拔高度、坡度以坡面大小进行等高定行距，先开成水平梯带，然后按株距挖坑；或者根据行距等高线定株距挖坑，种植后力求在 2 年内，结合扩坑压施绿肥、作物秸秆、有机肥改土时逐次修成水平梯带，方便以后作业、水土保持和抗旱。开垦和挖坑应在回坑、施基肥前 2 个月完成，使种植坑壁得到较长时间的风化。

（三）水田及洼地果园开垦

洼地、水稻田地表土肥沃，但土层薄，能否排水，降低地下水位是种植果树成功的关键。洼地、水稻田应考虑能排能灌，即雨天能排水，天旱时能浇水。洼地、水田可用深浅沟相间形式，即每两畦之间一深沟蓄水，一浅沟为工作行。洼地、水稻田种果树不能挖坑，而应在畦上做土墩。应根据地下水位的高低进行整地，确定土墩的高度，但必须保证在最高地下水位时，根系活动的土壤层至少要有 60～80 厘米。在排水难、地下水位高的园地，土墩的高度最少要有 50 厘米，土墩基部直径 120～130 厘米，墩面宽 80～100 厘米，呈馒头形土堆。地下水位较低的园地，土墩可以矮一点，一般土墩高为 30～35 厘米，墩面直径 80～100 厘米，田的四周要开排水沟，保证排水畅通。墩高确定以后，就可依已定的种植方式和株行距，标出种植点后筑墩。筑墩时应把表土层的土壤集中起来做墩，并在墩内适当施入有机肥。无论高墩式或低墩式，种植后均应逐年修沟培土，有条件的还应不断客土，增大根系活动的土壤层，并把畦面整成龟背形，以利于排除畦面积水。

三、果树定植

（一）选择优质苗木

1. 优质壮苗　选择壮苗是脐橙早结丰产的基础。壮苗的基本要求是：品种纯正，地上部枝条生长健壮、充实，叶片浓绿有光泽；苗高 35 厘米以上，并有 3 个分枝；根系发达，主根长 15 厘米以上，须根多，断根少；无检疫性病虫害和其他病虫害危害，所栽苗木最好是自己繁育或就近选购的，起苗时尽量少伤根系，起苗后要立即栽植。

2. 营养篓假植苗　营养篓假植苗木与大田苗木直接上山定植相比，具有以下优点。

（1）成活率高　春季定植，多数为不带土定植。由于取苗伤根，特别是从外地长途调运的苗木，往往是根枯叶落，加上瘦土栽植，成活率不高，通常只有 70%～80%。而采用营养篓假植苗木移栽新技术，苗木定植后成活率达 98% 以上。

（2）成园快　常规建园栽植，由于缺苗严重，不但补栽困难，而且成活苗木往往根系损伤过重，春梢不能及时抽发，影响正常生长，造成苗木大小不一，常要 2～3 年成园。而营养篓假植苗木，充分发挥营养篓中的营养土和集中抚育管理的作用，使伤根及早得到愈合，春季能正常抽发春梢，不但克服了春栽的"缓苗期"，同时减少了缺株补苗过程，可使上山定植苗木生长整齐一致，实现一次定植成园。

（3）投产早　营养篓假植苗，由于营养土供应养分充足，又避免了缓苗期，上山当年就能抽生 3～4 次梢，抽梢量大，树冠形成快。

（4）集中管理　有利于防冻、防病虫，并可做到周年上山定植。由于营养篓假植苗木相对集中，可以采用塑料薄膜等保温措施，防止苗木受冻。同时，可以集中防止病虫害。由于营养篓假植苗定植时不伤根，没有缓苗期，因此可以周年上山定植。

（二）合理密植

合理密植是现代化果园的发展方向，可以充分利用光照和土地，使脐橙提早结果，提早收益，提高单位面积产量，提早收回投资。提倡密植，并不是愈密愈好，栽植过密，树冠容易郁闭，果园管理困难，植株容易衰老，经济寿命缩短。通常在地势平坦、土层较厚、土壤肥力较高、气候温暖、管理条件较好的地区，栽植可适当稀些。这是因为在这种良好的环境条件下，单株生长发育比较茂盛，株间容易及早郁闭，影响品质提高。株行距可采用 2.5 米 × 3 米的规格，每 667 米^{2}栽 88 株左右。山地、河滩地、肥力较差及干旱少雨的地区可适当密植，株行距为 2 米 × 3 米，每 667 米^{2}栽 110 株左右。

（三）科学栽植

1. 栽植时期 脐橙的栽植时期，应根据它的生长特点和当地气候条件来确定。一般在新梢老熟后到下一次新梢抽发前，都可以栽植。

（1）大田繁殖苗木栽植时期 通常分为春季栽植和秋季栽植。春季栽植，以 2 月底至 3 月份进行为宜，此时春梢转绿，气温回升，雨水较多，容易成活，省去秋植浇水之劳。秋季栽植，通常在 9 月下旬至 10 月份秋梢老熟后进行。这时气温尚高，地温适宜，只要土壤水分充足，栽植苗木根系的伤口就愈合得快，而且还能长一次新根，从而有利于翌年春梢的正常抽生。但此时常会遇秋旱，栽植的先决条件是要有灌溉作保证；同时，还有可能遭受寒冻。因此，秋季栽植可用营养篓（袋）假植。秋植比春植效果好，因为秋季时间长，可充分安排劳力，而且当年伤口易于愈合，根系容易恢复，所以秋植苗木成活率高，而且翌年春天长势好。栽植时间最好选择阴天或阴雨天。如遇毛毛雨天气，也可栽植，但大风大雨不宜栽植。

（2）营养篓假植苗栽植时期　通常不受季节限制，随时可以上山定植，但夏秋干旱季节，降雨少，水源不足，也会影响成活率，因此移栽最佳时期以春梢老熟后的 5 月中下旬至 6 月上中旬为宜。

2. 栽植方法

（1）大田苗木栽植方法　栽植前，要解除薄膜，修理根系和枝梢，对受伤的粗根，剪口应平滑，并剪去枯枝、病虫枝及生长不充实的秋梢。栽植时，根部应蘸稀薄黄泥浆，泥浆浓度以手沾泥浆，不见指纹而见手印为适宜。泥浆中最好加入适量的碎小牛粪，并将 0.7% 复硝酚钠水剂 600 倍液与 70% 甲基硫菌灵可湿性粉剂 500 倍液混合溶解后，加入泥浆中搅拌均匀，然后蘸根，以促进生根。注意泥浆不能太浓，否则会引起烂根，复硝酚钠加入太多会引起死苗。种植时，两人操作，将苗木放在栽植穴内扶正，保证根顺，让新根群自然斜向伸展，随即填以碎土，一边埋土，一边踩实，均匀压实，并将树苗微微振动上提，以使根土密接，然后再加土填平。在树的周围，覆盖细土，土不能盖过嫁接口部位，并要做成树盘。树盘做好后，充分浇水，水渗下后，再于其上覆盖一层松土，以便保湿。栽植中，要真正做到苗正、根舒、土实和水足，并使根不直接接触肥料，防止肥料发酵而烧根。栽后树盘可用稻草、杂草等覆盖（图 3-13）。

（2）营养篓苗栽植方法　定植前，先在栽植苗木的位置挖一定植穴（穴深与篓等高为宜），将营养篓苗置于穴中央，注意应去除营养篓塑料袋，用肥土填于营养篓四周，轻轻踏实，然后培土做成直径 1 米左右的树盘，浇足定植水，栽植深度以根颈露出地面为宜，最后树盘覆盖稻草保湿，可防杂草滋生，保持土壤疏松、湿润。

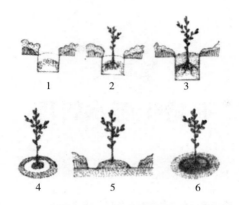

图3-13 大田苗栽植方法

1. 填入表土　2. 放入树苗　3. 填土　4. 围树培土埂
5. 树盘（高出地面10～20厘米）　6. 树盘覆盖稻草

（四）栽后管理

脐橙苗木定植后如无降雨，则在3～4天内每天均要淋水保持土壤湿润。以后视植株缺水情况，隔2～3天淋水1次，直至成活。植后7天，穴土已略下陷可插竹枝支撑固定植株，以防风吹摇动根群，影响成活。植后若发现卷叶严重，可适当剪去部分枝叶，以提高成活率。一般植后15天部分植株开始发根，1个月后可施稀薄肥，以腐熟人尿加水5～6倍，或尿素加水配成0.5%水液，或0.3%三元复合肥浇施，每株施1～2千克。如施用绿维康液肥100倍，则效果更好，它能促使幼树早发根，多发根。以后每月淋1～2次，注意淋水肥时，不要淋在树叶上，只要施在离树干10～20厘米的树盘上即可。新根未发、叶片未恢复正常生长的植株不宜过早施肥，以免引起肥害，影响成活。

第四章
脐橙土肥水管理

脐橙基本管理技术包括土、肥、水管理。脐橙生长所需水分和主要矿质营养元素都来自土壤，良好的土壤结构，充足的肥水供应，是脐橙生长发育、丰产优质的基本条件。所以，采取深翻熟化土壤、增施有机肥料、合理用水和及时排涝等管理措施，不断改善土壤的理化性状，给脐橙创造良好的生长发育条件，是实现高产、优质栽培的基本保证。

一、土壤管理

脐橙一经种植，根系生长的土壤环境条件直接影响它的生长发育。通常，脐橙园是建立在立地条件较差的丘陵山地，因此，要获得优质高产的脐橙果实，就必须做好脐橙的土壤管理工作，通过各种措施，深翻熟化土壤，不断改善土壤的理化性质，提高土壤肥力，改善立地条件，为脐橙生长发育创造疏松肥沃的根际环境。

（一）土壤改良

南方多数果园建立在丘陵、山地、荒坡上，一般是土层瘠薄，有机质少，土壤肥力低。尽管在定植前果园开垦时进行过一定程度的改良，但还不能满足果树正常生长结果和丰产、稳产、优质的要求。因此，栽植后对果园土壤进一步改良是果园管理的基础工作，通过改良使果园土壤达到土层深厚、疏松、肥沃的目标。

土壤改良的途径有深翻改土、修整排水沟排水、培土等。

1. 深翻改土 果园通过深翻，结合深施绿肥、麸饼肥、粪肥等有机肥，从而改良土壤结构，改善土壤中肥、水、气、热的状况，提高土壤肥力，达到促进果树根系生长良好，有利于植株的开花结果。深翻方式主要有扩穴深翻、隔行或隔株深翻和全园深翻3种。

（1）扩穴深翻 在幼树栽植后的前2～4年内，自定植穴边缘（如果开沟定植的则从定植沟边缘）开始，每年或隔年向外扩穴，穴宽50～80厘米，深60～100厘米，穴长根据果树的定植距离与果树大小而定，一般100～200厘米。每次各挖两个相对方向，隔年按东西向或南北向操作，将绿肥、杂草、土杂肥等有机肥分2～3层填入坑内，撒适量的石灰，再盖上表土，加入适量的饼肥或腐熟畜禽粪，一层层将坑填满，高出地面5～10厘米，如此逐年扩大，直到全园翻完一遍为止（图4-1）。扩穴深翻结合施绿肥、农家肥（粪肥、堑肥与麸饼肥等）、磷肥及石灰等，每株施有机肥30～40千克、畜粪肥10～20千克、石灰过磷酸钙各0.5～1千克，以及少量硫酸镁、硫酸锌、硼砂作为基

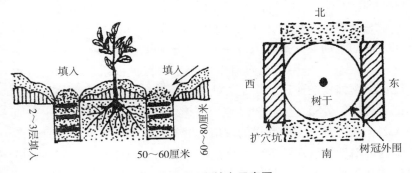

图4-1 深翻扩穴示意图

肥施入穴中。有条件的地区，可采用小型挖掘机挖条沟深翻，可大大提高劳动效率。

（2）**隔行深翻**　在成年果园，为了保持果园良好的土壤肥力，还必须每年深翻1次，深度60～80厘米，长度为株距的1/2左右。平地果园可隔1行翻1行，翌年在另外一行深翻；丘陵山地果园，一层梯田一行果树，也可隔2株深翻一个株间的土壤。这种深翻方法，每次深翻只伤及半面根系，可防止伤根太多，既改善了土壤肥力，又有利于果树生长结果。

（3）**全园深翻**　除树盘范围以外，全园一次性深翻1遍。这种方法一次翻完，便于机械化施工和平整土壤，但容易伤根过多。多用于幼龄果园。

2. 修整排水沟　水稻田、低洼地及一些地下水位高的平地果园，由于地下水位高，每年雨季土壤湿度大，果树地下水位以下的根系处于水浸状态，造成根系长期处于缺氧状态，并且土壤产生许多有毒物质，致使果树生长不良、树势衰退，严重的导致死亡。应开沟排水，降低地下水位，是这类果园土壤改良的关键。洼地、水田可用深浅沟相间形式，即每两畦之间一深沟蓄水，一浅沟为工作行。洼地、水稻田种果树不能挖坑，而应在畦上做土墩。应根据地下水位的高低进行整地，确定土墩的高度，但必须保证在最高地下水位时，根系活动的土壤层至少要有60～80厘米。土墩基部直径120～130厘米，墩面宽80～100厘米，呈馒头形土堆，并把畦面整成龟背形，以利于排除畦面积水。田的四周要开排水沟，保证排水畅通。

3. 培土　果园培土具有增厚土层、保护根系、增加肥力和改良土壤结构的作用。培土方法有以下两种：一是全园培土，是把土块均匀分布在全园，经晾晒打碎，通过耕作把所培的土与原来的土壤混合。土质黏重的应培含沙质较多的疏松肥土，含沙质多的可培塘泥、河泥等较黏重的肥土。培土厚度要适当，一般以5～10厘米为宜。二是树盘内培土，即逐年于树盘处培上肥沃的土壤，在增厚土层的同时，降低地下水位，一般是在低洼的果园进行。培土工作南方多在干旱季节来临前采果后冬季进行。

（二）土壤耕作

1. 幼龄果园　幼龄果园，由于果树还没有充分长大，果园的空旷地还多，果树吸收肥水的能力还不强。此期果园的耕作任务是营造良好的果园生态环境，促进果树快速生长，以尽快投产并进入丰产期。

（1）树盘内的精耕细作　树盘是指树冠垂直投影的范围，是根系分布集中的地方，要进行精细的管理，才有利于果树的迅速生长，提早结果与加快进入丰产期。树盘管理包括以下内容。

①中耕除草　每年中耕除草3～5次，使树盘保持疏松无杂草，以利于根系生长。中耕深度以不伤根为原则，一般近树干处要浅，约10厘米，向外逐渐加深20～25厘米。中耕除草一般结合施肥进行，在施肥前除干净杂草与疏松土壤。

②树盘覆盖　树盘覆盖有保持土壤水分、防冻、稳定表土温度（冬季增加地表温度和夏季降低地表温度）、防止杂草生长、增加土壤肥力和改良土壤结构的作用。覆盖物多用秸秆、稻草等，厚度一般在10厘米左右。亦可用地膜覆盖，以防止土壤冲刷、杂草丛生，保持土壤疏松透气，夏季可降低地温10℃～15℃，冬季可提高地温2℃～3℃，具有明显的护根作用。

③树盘培土　在有土壤流失的园地，树盘培土，可保持水土和避免积水。培土一般在秋末冬初进行。缓坡地可隔2～3年培土1次，冲刷严重的则1年1次。培土不可过厚，一般为5～10厘米。根外露时可厚些，但不要超过根颈。

（2）行间套种　幼龄果园，由于树体尚小，行间空地较多，进行合理间作，可以增加收入，以短养长，还可以抑制果园杂草生长，改善果园全体环境，提高土壤肥力，从而增强果树对不良环境的抵抗能力，有利于果树生长。丘陵山坡地果园间种作物，还能起到覆盖作用，以减轻水土流失。

适宜间作的作物种类很多，各地应根据具体情况选择。1～2年生的豆科作物，如花生、大豆、印度豇豆、绿豆、蚕豆等较为适宜；也可种植葱蒜类、叶菜类、茄果类、姜等蔬菜；还可种植苕子、印度豇豆、猪屎豆、藿香蓟、百喜草等绿肥和牧草作物。其中，种植藿香蓟能明显减少红蜘蛛对果树的危害。据试验，山地脐橙园套种绿肥，并利用绿肥覆盖，效果十分理想。夏季高温季节，可降低地表温度3℃～5℃；可抑制杂草的生长，其抑制力一般在55.5%左右；减轻脐橙红蜘蛛发生量，覆盖绿肥后，每片叶片上的虫口数量，比清耕法管理果园降低约24.3%，危害时间也缩短了。连续4年套种、覆盖绿肥作物，在土层0～20厘米和20～40厘米深的范围内，土壤中的有机质、全氮、速效钾、速效磷等养分含量，分别比清耕法管理果园增加0.27%、0.02%、5.95×10^{-6}、2.15×10^{-6}和0.19%、0.01%、6×10^{-6}、5×10^{-6}；土壤孔隙度增加3.85%和1.2%。有效地促进了脐橙树体生长发育，提高了坐果率，使产量和品质有了明显的提高。值得注意的是：间作时，不要把作物、绿肥种得离树盘过近，不要间作如木薯、甘蔗、玉米等之类的高秆作物、攀缘及缠绕作物，以及与脐橙有共同病虫害的其他柑橘类。否则，就会出现间作物丰收，脐橙受损，以至造成"以短吃长"的恶果。因此，要提倡合理间作，但又不能损害果树。

2. 成年果园　成年果园，由于果树已经充分生长，树体扩大，根系发达吸收肥水的范围不断扩大，果树对养分的总体需要增加。因而，果园管理的主要任务是以提高土壤肥力为主，以满足果树生长和结果对水分和养分的需要。土壤耕作就要围绕这一目的进行，主要土壤耕作技术有以下几种方式。

（1）清耕制　清耕制即是果园内周年不种其他作物，随时中耕除草，使土壤长期保持疏松无杂草状态。同时，冬夏进行适当深度的耕翻，一般深15～20厘米。清耕法的优点是土壤疏松，地面清洁，方便肥水管理和防治病虫害。缺点是如长期清耕，土壤容易受雨水冲刷，特别是丘陵山地果园冲刷更为严重，养分水分流失，导致土壤有机质缺乏，影响果树生长发育。

（2）**生草制**　生草制即是在果园行间人工种植禾本科、豆科等草种，或自然生草，不翻耕，定期刈割，割下的草就地腐烂或覆盖树盘的一种土壤管理制度。在缺乏有机质、土层较深、水土易流失、邻近水库的果园，生草法是较好的土壤管理方法。

生草制有全园生草法与树盘内清耕或干草覆盖的行间生草制两种。

生草法可以防止土壤雨水冲刷；增加土壤有机质，改善土壤理化性状，使土壤保持良好的团粒结构；地温变化较小，可以减轻果树地表面根系受害；省工，节约劳力，降低成本。但是，长期生草的果园使表层土板结，影响通气；草与果树争肥争水，影响果树生长发育；杂草是病虫害寄生的场所，草多病虫多，某些病虫防治较困难。

果园生草对草的种类有一定的要求，其主要标准是要求矮秆或匍匐生长，适应性强，耐阴耐践踏，耗水量较少，与脐橙无共同的病虫害，能引诱天敌，生育期较短。果园生草首先要选好草种，最适宜的草种是意大利多花黑麦草，其次是百喜草、藿香蓟、蒲公英、旱稗等草种。此外，适合果园人工种植的草种还有早熟禾、野牛劲、羊胡子草、三叶草、紫花苜蓿、草木樨、扁豆黄芪、绿豆、苕子、猪屎豆、多变小冠花、百脉根等，只要不是恶性杂草（茅草、香附等），都可作为生草法栽培的草类。据实践证明：藿香蓟草种经生草后，不仅是良好的果园覆盖物，还是柑橘红蜘蛛天敌——捕食螨的中间寄主，为捕食螨提供交替食物和繁殖场所，使生态环境得到相对平衡，红蜘蛛也受到控制，可减少用药。播种量视生草种类而定，如黑麦草、茅草等牧草每667米^{2}用草种 2.5～3 千克，白三叶草、紫花苜蓿等豆科牧草每667米^{2}用种量 1～1.5 千克。

（3）清耕覆草制　在果树需肥水最多的前期保持清耕，后期或雨季覆盖生长作物，待覆盖作物成长后期，适时翻入土壤作绿肥，这种方法称为清耕覆盖作物法。它是一种较好的土壤管理方法，兼有清耕和生草法的优点，在一定程度上克服了两者的缺点。

（4）免耕制　主要是利用除草剂除草，土壤不进行耕作。这种方法具有保持土壤自然结构、节省劳力、降低成本等优点。但如果长期免耕，会使土壤有机质含量逐年下降，土壤肥力降低。在土层深厚、土质好的果园采用，尤其是在湿润多雨的地区，刈草与耕作均有一定困难的地块应用除草剂除草最为有利。免耕几年以后，改为生草制或清耕覆盖制，过几年再免耕，效果好。

二、合理施肥

实践证明：对脐橙树进行合理施肥，可以确保树体生长健壮，促进花芽分化，减少落花落果，提高产量和品质，防止大小年结果现象，延长结果年限，增强树体的抗性。所谓合理施肥，就是要科学地进行营养诊断，了解各种营养元素在其生长结果方面所起的作用，根据脐橙树的营养生理特性，选用适当的肥料，确定适合的施肥量，掌握恰当的施肥时期，运用合理的施肥方法。

（一）脐橙所需营养元素及功能

脐橙在其生长发育的各个阶段，都需要从外界吸收多种营养元素。其中，碳、氢、氧等来自空气和水，其他的矿质元素通常都从土壤中吸收。氮、磷、钾、钙、镁、硫等，需要的量较多，称为大量元素；而锰、锌、铁、硼、钼等，需要的量少，称为微量元素。营养元素供应过多或不足，都会对脐橙生长发育产生不良的影响。

1. 氮　氮是蛋白质、叶绿素、氨基酸等的组成成分，有增大叶面积，提高光合作用，促进花芽分化，提高坐果率的功能。

氮素不足，新梢生长缓慢，树势衰弱，形成光秃树冠，易形成"小老树"。严重缺氮时，外围枝梢枯死，叶片小而薄、叶色褪绿黄化，老叶发黄，无光泽，部分叶片先形成不规则绿色和黄色的杂色斑块，最后全叶发黄而脱落；花少而小，无叶花多，落花落果多，坐果率低。果小，延迟果实着色和成熟，使果皮粗而厚，果肉纤维增多，糖分降低，果实品质差，风味变淡。但是，对脐橙施用氮素过多时，会出现徒长，树冠郁闭，上强下弱，下部枝及内膛枝易枯死；且枝梢徒长后，花芽分化差，易落花落果。

2. 磷　磷对脐橙有促进花芽分化、新根生长与增强根系吸收能力的作用，有利于授粉受精，提高坐果率，使果实提早成熟，果汁增多，含糖量增加，增进果实品质。缺磷时，根系生长不良，吸收力减弱，叶少而小，枝条细弱，叶片失去光泽，呈暗绿色，老叶上出现枯斑或褐斑。严重缺磷时，下部老叶趋向紫红色，新梢停止生长，花量少，坐果率低，果皮较粗，着色不良，味酸，品质差，易形成"小老树"。

3. 钾　钾能促进碳水化合物和蛋白质转化，提高光合作用能力。钾素对脐橙的果实发育特别重要，据分析，果实中钾的含量为氮素的 2 倍。钾含量充足时，产量高、果个大、质优良；钾素不足时，叶片小，叶色淡绿，叶尖变黄。严重缺钾时，梢枯死，老叶叶尖和叶缘部位开始黄化，随后向下部扩展，叶片稍卷缩，呈畸形；新梢生长短小细弱；落花落果严重，果实变小、果皮薄而光滑，易裂果；抗旱、抗寒能力降低。

4. 钙　钙在树体内以果胶酸钙形态存在时，是细胞壁、细胞间层的组成成分。适量的钙，可调节土壤酸碱度，有利于土壤微生物的活动和有机质的分解，供根系吸收的养分增多，果面光滑，减少裂果。果实中有足够的钙，可延缓果实衰老过程，提高脐橙果实耐贮性。缺钙后，细胞壁中果胶酸钙形成受阻，从而影响细胞分裂及根系生长。严重缺钙时，根尖受害，生长停滞，可造成烂根，影响树势，多发生在春梢叶片上，表现为叶片顶端黄化，而后扩展到叶缘部位，病叶的叶幅比正常窄，呈狭长畸形，并提前脱落。树冠上部的新梢短缩丛状，生长点枯死，树势衰弱。果实缺钙，落花落果严重，果小、味酸、易裂果，畸形果多、汁胞皱缩。

5. 镁 镁是叶绿素的主要成分，也是酶的激活物质，参与多种含磷化合物的生物合成。因此，缺镁时结果母枝和结果枝中位叶的主脉两侧出现肋骨状黄色区域，即出现黄斑，形成倒"∧"形黄化。叶尖到叶基部保持绿色约呈倒三角形，附近的营养枝叶色正常。严重缺镁时，叶绿素不能正常形成，光合作用减弱，树势衰弱，并出现枯梢，开花结果少，低产，果实着色差，风味淡。冬季大量落叶，有的患病树采果后就开始落叶。病树易遭冻害，大小年结果明显。

6. 硼 硼能促进花粉的发育和花粉管的伸长，有利于受精结实。缺硼时植株体内碳水化合物代谢发生紊乱，影响碳水化合物的运转，因而生长点（枝梢与根系）首先受害。缺硼初期新梢叶出现黄色不定形的水渍状斑点，叶片卷曲、无光泽，呈古铜色、褐色以至黄色；叶畸形，叶脉发黄增粗，叶脉表皮开裂而木栓化；新芽丛生，花器萎缩，落花落果严重；果实发育不良，果小而畸形，幼果发僵发黑，易脱落，成熟果实果小，皮红，汁少，味酸，品质低劣。严重缺硼时，树顶部生长受到抑制，树上出现枯枝落叶，树冠呈秃顶景观，有时还可看到叶柄断裂，叶倒挂在枝梢上，最后枯萎脱落。果皮变厚而硬，表面粗糙呈瘤状，果皮及中心柱有褐色胶状物，果小、畸形，坚硬如石，汁胞干瘪，渣多汁少，淡而无味。

7. 锌 锌可影响氮素代谢作用，锌还是碳酸酐酶的组成成分。缺锌时，枝梢生长受抑制，节间显著变短，叶窄而小，直立丛生，表现出簇叶病和小叶病，叶色褪绿，形成黄绿相间的花叶，抽生的新叶随着老熟，叶脉间出现黄色斑点，逐渐形成肋骨状的鲜明黄色斑块。严重时整个叶片呈淡黄色；花芽分化不良，退化花多，落花落果严重，产量低；果小、皮厚汁少；同一树上的向阳部位较荫蔽部位发病重。

8. 铁　铁对叶绿素的形成有促进作用，缺铁时引起褪绿症，幼嫩新梢叶片变薄，叶色变淡、黄化，而老叶仍正常。缺铁叶片开始时叶肉变黄，叶脉仍保持绿色，呈极细的绿色网状脉，而且脉纹清晰可见。随着缺铁程度加重，叶片除主脉保持绿色外，其余呈黄白化。严重缺铁时，整个叶片呈黄色，叶缘也会枯焦褐变，直至全叶白化而脱落。枝梢生长衰弱，果皮着色不良，淡黄色，味淡味酸。缺铁黄化以树冠外缘向阳部位的新梢叶最为严重，而树冠内部和荫蔽部位黄化较轻；一般春梢叶发病较轻，而秋梢或晚秋梢发病较重。

9. 锰　锰是叶绿素的组成物质，直接参与光合作用。锰还是多种酶的活化剂。缺锰时，叶绿素合成受阻，大多在新叶暗绿色的叶脉之间出现淡绿色的斑点或条斑，随着叶片成熟，症状越来越明显，淡绿色或淡黄绿色的区域随着病情加剧而扩大。最后叶片部分留下明显的绿斑，严重时则变成褐色，引起落叶，果皮色淡发黄，果皮变软。

10. 铜　铜是许多重要酶的组成成分，在光合作用中有重要作用，能促进维生素 A 的形成。缺铜时，初期表现为新梢生长曲折呈"S"形，叶特别大，叶色暗绿，进而叶片脉间褪绿呈黄绿色，网状叶脉仍为绿色；顶端叶叶形不规则，主脉弯曲，变成窄而长、边缘不规则的畸形叶；顶端生长停止而形成簇状叶。严重缺铜时，叶和枝的尖端枯死，幼嫩枝梢树皮上产生水泡，泡内积满褐色胶状物质，最后病枝枯死；幼果淡绿色，易裂果而脱落，果皮厚而硬，果汁味淡。

11. 钼　钼是硝酸还原酶的组成物质，直接参与硝态氮的转化。缺钼时，引起树体内硝酸盐积累，使构成蛋白质的氨基酸形成受阻。叶片出现黄斑，早春叶脉出现水渍状病斑，夏、秋梢叶面分泌树脂状物；斑块坏死，开裂或呈孔状，严重时落叶；果实出现不规则褐斑。

（二）肥料种类及特点

常用肥料包括有机肥和无机肥。

1. 有机肥料 有机肥料也叫农家肥料，包括人畜粪尿、牲畜厩肥（马粪、牛粪、羊粪、猪粪、鸡粪等）、堆肥、饼肥、草木灰、作物秸秆及绿肥等，其特点是大多含有丰富的有机质和腐殖质及果树所需要的大量元素和微量元素，并含有多种激素、维生素、抗生素等，为完全肥料。其养分主要以有机状态存在，要经过微生物发酵分解，才能为果树吸收利用。由于有机肥料中含有丰富的有机质，肥效期长，主要用于基肥，可以长期而均衡地供应脐橙生长所需要的各种营养元素，还可增加土壤有机质，改良土壤的物理化学性质，提高土壤肥力，增进果实品质。人粪尿、厩肥等通过腐熟堆沤后，经微生物分解，养分易被吸收，也可与适量的无机速效氮肥混合施用，是绿色食品生产的主要肥料，也可用作追肥。

（1）人、畜粪尿 人粪尿含氮量高，为半速效性肥料，沤制后可变成速效肥，作追肥和基肥均可。畜粪富含磷素，其中猪粪的氮、磷、钾含量比较均衡，分解较慢，是迟效肥料，宜作基肥用；羊粪含钾量大，对生产优质脐橙果有利。鸡粪的养分最高，与三元复合肥的成分近似，既是优质基肥，也可以作为追肥使用。人粪尿及主要畜禽粪尿的养分含量如表4-1所示。

表4-1　人粪尿及主要人畜禽粪尿的养分含量

名　称	氮（％）	五氧化二磷（％）	氧化钾（％）	有机物（％）
人粪尿	0.3～0.6	0.27～0.3	0.25～0.27	5～10
牛　粪	0.3～0.32	0.2～0.25	0.1～0.16	15
羊　粪	0.5～0.75	0.3～0.6	0.1～0.4	24～27
猪　粪	0.5～0.6	0.4～0.75	0.35～0.5	15

续表 4-1

名　称	氮（%）	五氧化二磷（%）	氧化钾（%）	有机物（%）
鸡　粪	1.03	1.54	0.85	25
鸭　粪	1	1.4	0.62	36

（2）厩肥　厩肥是由猪、牛、马、鸡、鸭等畜禽的粪尿和垫栏土或草沤制而成，含有机质较多，但肥效较慢，一般用作基肥。主要厩肥的养分含量如表 4-2 所示。

表 4-2　主要厩肥的养分含量

名　称	氮（%）	五氧化二磷（%）	氧化钾（%）
牛厩粪	0.34	0.16	0.4
羊厩粪	0.83	0.23	0.67
猪厩粪	0.45	0.19	0.6

（3）堆肥　堆肥是以秸秆、杂草、落叶、垃圾和其他有机废物为原料，通过堆沤，利用微生物的活动，使之腐烂分解而成的有机肥。含有机质多，但肥效较慢，属迟效性肥料，只能作基肥用。主要堆肥的养分含量如表 4-3 所示。

表 4-3　主要堆肥的养分含量

名　称	氮（%）	五氧化二磷（%）	氧化钾（%）
麦秸堆肥	0.88	0.72	1.32
玉米秸堆肥	1.72	1.1	1.16
棉秆堆肥	1.05	0.67	1.82
稻草堆肥	1.35	0.8	1.47
生活垃圾	0.37	0.15	0.37

（4）**饼肥** 饼肥是各种含油分较多的种子经压榨去油后的残渣制成的肥料，如菜籽饼、豆饼、花生饼、桐籽饼等。饼肥经过堆沤，可以作基肥或追肥。施用饼肥，可促进砂糖橘生长，对果实品质的提高具有明显的作用。主要饼肥的养分含量见表4-4。

表4-4　主要饼肥的养分含量

名　称	氮（%）	五氧化二磷（%）	氧化钾（%）
大豆饼	6.3～7.6	1.1～1.79	1.2～2.5
花生饼	6.3～7.6	1.1～1.4	1.3～1.9
菜籽饼	4.6～5.4	1.6～2.5	1.3～1.5
桐籽饼	2.9～5	1.3～1.5	0.5～1.5
棉籽饼	3.4～6.2	1.61～3.1	0.9～1.6
茶籽饼	4.6	2.5	1.4

（5）**绿肥** 绿肥是植物嫩绿秸秆就地翻压或经沤制、发酵形成的肥料，它也是有机肥的一种。在肥源不足的情况下，可以充分利用绿肥。园地种植绿肥，可实现以园养园，是解决脐橙肥源的重要途径之一。通常在脐橙行间、空闲地里种植毛叶苕子、肥田萝卜、绿豆、豌豆等绿肥作物，待绿肥作物进入花期，刈割或拔除掩埋土中。绿肥富含有机质，养分完全，不仅肥效高，还可改良土壤理化性质，促进土壤团粒结构的形成，提高土壤肥力，增强土壤的保水、保肥能力。绿肥可直接翻压、开沟掩青或经过堆沤后再施入土壤。施用绿肥可取得良好的效果（表4-5）。

表4-5　主要绿肥作物鲜草养分含量

名　称	氮（%）	五氧化二磷（%）	氧化钾（%）
紫云英	0.33	0.08	0.23
紫花苜蓿	0.56	0.18	0.31

续表 4-5

名　称	氮（%）	五氧化二磷（%）	氧化钾（%）
苕　子	0.51	0.12	0.33
大叶猪屎豆	0.57	0.07	0.17
草木樨	0.77	0.04	0.19
蚕　豆	0.52	0.12	0.93
绿　豆	0.58	0.15	0.49
豌　豆	0.51	0.15	0.52
印度豇豆	0.36	0.1	0.13
肥田萝卜	0.36	0.05	0.36
油菜青	0.46	0.12	0.35
玉米秸	0.48	0.38	0.64
稻　草	0.63	0.11	0.85

2. 无机肥料　无机肥料多数为化学合成肥料，俗称其为化肥。化肥具有养分含量高，肥效快等优点；但也具有养分单纯，不含有机物，肥效时间不长等缺点。有些化肥长期单独使用，还会使土壤板结、土质变坏。故应将无机肥与有机肥配合施用。

（1）氮肥　即含有氮化物的无机肥。含氮量高，肥效快，多作追肥。主要氮肥的理化性状及养分含量如表 4-6 所示。

表 4-6　几种氮肥的理化性状及养分含量

肥料种类	氮（%）	化学反应	溶解性	物理性状
尿　素	42～46	中　性	水溶性	白色半透明小颗粒
硝酸铵	34～35	弱酸性	水溶性	白色结晶，易流失，吸湿性强
硫酸铵	20～21	弱酸性	水溶性	白色结晶或粉末，不能与碱性肥料混用
碳酸氢铵	17～17.5	弱碱性	水溶性	白色粉末或细粒结晶
氯化铵	24～25	弱酸性	水溶性	白色结晶，吸湿性强

（2）**磷肥**　可供给植物磷素的肥料。主要磷肥的理化性状及养分含量如表 4-7 所示。

表 4-7　几种磷肥的理化性状及养分含量

肥料种类	五氧化二磷（%）	化学反应	溶解性	物理性状
过磷酸钙	16～18	酸　性	水溶性	有吸湿性，不能与碱性肥料混用
钙镁磷肥	14～20	带碱性	弱酸溶性	
骨　粉	20～35	中　性	微酸溶性	

（3）**钾肥**　可供给植物钾素的肥料，钾肥多作为壮果肥施用。几种钾肥的理化性状及养分含量如表 4-8 所示。

表 4-8　几种钾肥的理化性状及养分含量

肥料种类	氧化钾（%）	化学反应	溶解性	物理性状
硫酸钾	48～52	中　性	水溶性	白色结晶，吸湿性弱
氯化钾	50～60	中　性	水溶性	白色，吸湿性强，易结块
硝酸钾	33	中　性	水溶性	吸湿性强

（4）**复合肥料**　含有两种以上营养元素的无机肥料。复合肥料有两种方法制成，即化学方法和机械混合方法。几种复合肥料的理化性状及养分含量如表 4-9 所示。

表 4-9　几种复合肥料的主要理化性状及养分含量

肥料种类	养分含量（%）	化学反应	溶解性	物理性状
氨化过磷酸钙	氮 2～3 五氧化二磷 14～18	中　性	水溶性	吸湿性强，易结块
磷酸铵	氮 12～18 五氧化二磷 46～52	中　性	水溶性	

续表 4-9

肥料种类	养分含量（%）	化学反应	溶解性	物理性状
磷酸二氢钾	五氧化二磷 52 氧化钾 35	酸　性	水溶性	
三元复合肥	氮 10 五氧化二磷 10 氧化钾 10	中　性	水溶性	

（5）微量元素肥料　能够供给植物多种微量元素的无机肥料。它的用量虽然很少，但对脐橙生长是不可缺少的，而且每种元素的作用又都不能被其他元素所代替。如果土壤中某一元素供应不足，脐橙就会出现相应的缺素症状，产量降低，品质下降。有的果园，微肥成了生产上的限制因子，严重影响脐橙树势、产量和品质。例如，栽种在红壤土地上的脐橙树，普遍存在着不同程度的缺锌，严重时树势衰弱，落叶落果，果实偏小。主要微量元素肥料的性质及养分含量如表 4-10 所示。

表 4-10　几种微量元素肥料的养分含量及性质

类　型	名　称	养分含量（%）	水溶性
铁　肥	硫酸亚铁	铁 19～20	易　溶
	螯合铁	铁 5～14	易　溶
硼　肥	硼　砂	硼 11	40℃热水中易溶
	硼　酸	硼 17	易　溶
锌　肥	硫酸锌	锌 35～40	易　溶
	螯合态锌	锌 14	
锰　肥	硫酸锰	锰 24～28	易　溶

（三）施肥时期

1. 基肥　基肥是在生长季之前施入的肥料，为全年的主要肥料，以迟效性有机肥为主，如厩肥、堆肥、饼粕、绿肥、杂草、垃圾、塘泥、滤泥等。为尽快发挥肥效，施基肥时也可混施部分速效氮素化肥、磷肥等。结合基肥施入少量石灰，可调节土壤酸碱度。

施基肥要掌握好施用时期。秋施基肥比春施好，早秋施肥比晚秋或冬施好。此时脐橙经过开花和结果，耗去大量养分，正值恢复积累阶段，又是根系生长高峰，施肥改土挖断的根系容易愈合，并长出新根。同时，基肥秋施，肥料腐烂分解时间长，矿质化程度高，施肥当年即可被根系吸收并贮备在树体内，翌春可及时为果树吸收利用，对满足果树翌年萌芽、开花、坐果和生长，都具有重要意义。另外，基肥秋施还可以提高地温，减少根系冻害。

2. 追肥 追肥又称补肥。是在脐橙树体生长期间，为弥补基肥的不足而临时补充的肥料。追肥以速效性无机肥为主，如尿素等。施入土壤后，易被植物吸收，既可及时补充脐橙当年生长的需要，又能使花芽分化良好，为翌年生长结果打下基础。追肥的时期与次数，应结合当地土壤条件、树龄树势及树体挂果量而定。一般肥沃的壤土可少施，沙质土壤宜少施、勤施；幼树、旺树施肥次数比成年树少；挂果多的树可多次追肥；结果少或不结果的树，可少施或不施。脐橙追肥分以下几个时期。

（1）**促芽肥** 春季脐橙大量开花，加上枝梢生长，消耗养分大，上年树体内虽然积累了一定的营养，但由于早春土壤温度低，根系吸收养分的能力弱，仍不能满足需要，养分供需矛盾比较突出。为此，必须在2月上中旬给较弱树和多花树适量追施速效性肥料，可明显提高坐果率，还能促进枝叶生长，尽早进入功能期，增强光合能力。但是，如树势较旺，或花芽量少的，花前不宜追肥，否则会因促进枝梢旺长而造成大量落果。这次追肥应以氮、磷、钾配合，而适当多施氮肥为主。

（2）**稳果肥** 稳果肥施用期正值脐橙生理落果和夏梢抽发

期，此时，施肥的主要目的在于提高坐果率，控制夏梢大量发生。另外，由于开花消耗了大量养分，如果营养不足，易造成大量生理落果。因此，在谢花时施肥有稳果的作用，即在4月下旬至5月上中旬适量追施速效性氮肥，并配合磷、钾肥，补充脐橙对营养物质的消耗，可减少生理落果，促进幼果迅速膨大。需要注意的是氮肥的施用不要过量，以免促发大量的夏梢，而加重生理落果。

（3）**壮果促梢肥**　7～9月份是果实迅速膨大期，又是秋梢萌发、生长期，此时的肥水条件好坏，决定着当年的产量；同时也关系到秋梢的数量和质量，而秋梢又是来年良好的结果母枝，对来年的产量至关重要。为了确保果实增大及秋梢的质量，应在7月上旬施壮果促梢肥，结合抗旱灌水，适量施入速效性氮肥，加大磷、钾肥的比例，有利于促进果实迅速膨大，提高产量，并可促使秋梢老熟，有利于花芽分化。此时气温、地温均较高，正值根系生长高峰，发根量多，根系吸收能力强，是脐橙施肥的一个重要时期。

（4）**采果肥**　果实采收后及时施采果肥，以速效性氮肥为主，配合磷、钾肥。用于补偿由于大量结果而引起的营养物质亏空，尤其是消耗养分较多的衰弱树，对恢复树势、增加树体养分积累、提高树体的越冬性、防止落叶、促进花芽分化和提高翌年产量极为重要。

幼龄脐橙施肥的目的在于促进枝梢的速生快长，迅速扩大形成树冠，为早结果丰产打基础。所以，幼树施肥应以氮肥为主，配合磷、钾肥，可在生长期内勤施薄施，促使树体迅速生长，形成丰产树冠。

（四）施　肥　量

施肥量要根据树龄、树势、结果量、土壤肥力等综合考虑。一般幼龄旺树结果少、土壤肥力高的可少施肥；大树弱树、结果多、肥力差的山地及荒滩要多施肥；沙地保水保肥力差，施肥时要少量多次，以免肥水流失过多。理论施肥量可按脐橙各器官对营养元素的吸收量减去土壤中原有的营养元素含量，再除以肥料的利用率来计算。

$$施肥量 = \frac{脐橙吸收肥料元素量 - 土壤供给量}{肥料利用率}$$

其中：吸收量由一年中新梢、新叶、枝干及花量等总生成量中含有的营养成分算出；土壤供给量，氮约为吸收量的 1/3，磷、钾约为吸收量的 1/2；肥料利用率，氮约为 50%、磷约为 30%、钾约为 40%。

这种方法需要做许多方面的试验与测定，实行有一定的困难。据实践经验：1～3 年生脐橙幼树的施肥量：基肥以有机肥为主，配合磷、钾肥，株施绿肥青草 30～40 千克、猪栏粪 50 千克、磷肥 1.5 千克、三元复合肥 1 千克、饼肥 0.5～1 千克、石灰 0.5～1 千克。由于幼树根系不发达，吸水吸肥能力较弱，追肥以浇水肥为主，便于吸收。一般坚持"一梢两肥"，即每次新梢施 2 次肥，分别在春、夏、秋梢各施 1 次促梢肥和壮梢肥。春、夏、秋 3 次梢的促梢肥，萌发前 1 周施用，以氮肥为主，促使新梢萌发整齐、粗壮，可株施尿素 0.15～0.25 千克、三元复合肥 0.25 千克。春、夏、秋 3 次梢的壮梢肥，在新梢自剪时施用以磷、钾肥为主，促进新梢加粗生长，加速老熟，可株施三元复合肥 0.15～0.2 千克。

幼龄果园脐橙施肥应避免肥害，应注意：一是饼肥堆沤。麸饼用粪池沤制，花生麸要经 50～60 天，黄豆饼要经 80～90 天才能充分腐熟。堆沤时加入一些猪、牛栏粪及过磷酸钙，可加快腐熟。充分腐熟的麸饼液肥应该是乌黑色的，无白色渣粒，搅动无酸臭刺鼻气味，气泡少。二是施用化肥。化肥用量过多易引起肥害，致使根系和枝叶脱水，严重时根发黑死亡，枝叶焦枯脱落，甚至整株死亡。施用化肥时需少量、均匀，土壤湿润时，尿素每平方米撒施量在 50 克左右。土壤湿度不大时，应尽量掺水或溶于粪水中施用。

成年脐橙树，基肥占全年施肥量的 60%～70%，以有机肥为主，配合磷、钾肥，株施猪、牛栏粪 50 千克、饼 2.5～4 千克、三元复合肥 1～1.5 千克、硫酸钾 0.5 千克、钙镁磷肥和石灰各 1～1.5 千克，结合扩穴改土进行。追肥占全年施肥量的 30%～40%。促芽肥：用肥量占全年施肥总量的 10% 左右，一般宜在春芽萌发前 2 周施下，以保证壮梢促花，延长老叶寿命，提高坐果率。常以速效氮肥为主，配以适量磷、钾肥。如遇春旱，应与浇水相结合，才能更好发挥肥效；稳果肥：用肥量占全年施肥总量的 10% 左右，一般在第一次生理落果结束至第二次生理落果之前施下。以速效性氮、磷为主，配以适量钾。此时期脐橙幼果正处于细胞分裂旺盛期，也是根系第一次生长高峰期，若营养跟不上，会发生异常生理落果。壮果肥：施肥量占全年施肥总量的 20% 左右。此时果实迅速膨大期，也是夏梢充实和秋梢抽出期。一般在秋梢抽发前 7～14 天内施下，以氮肥为主，适当配合磷、钾肥。施肥量：一般脐橙对氮、磷、钾三要素的需求的比例是：1：0.3～0.5：1.2。我们建议施肥量是以经济产量作为计算的重要依据。通常 50 千克经济产量所需要的纯氮约为 0.5 千克，纯磷（P_2O_5）0.15～0.2 千克，纯钾（K_2O）约为 0.6 千克。综合上述分析和计算，得出各时期的施肥量如下：基肥：10 千克鸡粪或鸽粪或 2.5 千克花生麸或 25 千克猪粪，加入 0.35 千克过磷酸钙、0.3 千克硫酸钾。促芽肥：0.25 千克尿素，加入 0.25 千克过磷酸钙、0.25 千克硫酸钾。稳果肥：0.16 千克尿素，加入 0.2 千克过磷酸钙、0.18 千克硫酸钾。壮果肥：0.35 千克尿素，加入 0.15 千克过磷酸钙、0.35 千克硫酸钾。值得注意的是，脐橙对氯元素的耐受程度为中等，因此施肥时尽量用硫酸钾，而不用氯化钾，以免氯离子对树体造成一定的影响，引起氯中毒。此外，肥料的种类较多，如施用复合肥，则要根据实际的商品肥的纯素含量计算；对于中量元素如钙、镁、硫、锌也是植株不可缺少的必需元素，这要根据各地的土壤情况进行适量补充。在改土施肥时，适量施用石灰，增加土壤中钙的含量。在脐橙枝梢生长期、花果期适当施用硫酸锌、硼砂、硫酸镁肥。

（五）施肥方法

施肥方法对提高肥效和肥料利用率起着十分重要的作用。施肥方法不当，不仅浪费肥料，还会伤害果树，造成减产。

脐橙树的营养有无机营养和有机营养（图4-2）。无机营养来自于根系吸收，如氮、磷、钾、钙、镁、铁、硼、锰、锌、硫、钼、铜等。有机营养来自于叶片的光合作用。叶片除了进行光合作用，制造有机营养外，还具有吸收功能，即叶片背面有许多气孔，通过渗透可吸收一些无机营养。叶面施肥（根外追肥）是无机营养来源的一种补充形式。脐橙的施肥方法有土壤施肥和根外追肥2种。

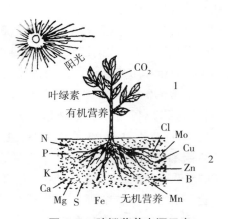

图4-2 脐橙营养来源示意

1.有机营养（叶片光合） 2.无机营养（根系吸收）

1. 土壤施肥 土壤施肥（根际施肥）是补充无机营养的重要手段，而脐橙根系分布特点是制定土壤施肥方法的重要依据。一般情况下，脐橙水平根在树冠垂直投影下向内距树干 1/2 左右处最多；垂直根在地下 50 厘米以内，而以 10～30 厘米处最为集中。土壤施肥应尽可能把肥料施在根系集中的地方，以充分发挥肥效。根据脐橙根系分布特点，追肥可施用在根系分布层的范围内，使肥料随着灌溉水或雨水下渗到中下层而无流失为目标。基肥应深施，引导根系向深广方向发展，形成发达的根系。氮肥在土壤中移动性较强，可浅施；磷、钾肥移动性差，宜深施至根系分布最多处。土壤施肥效果的好坏，与施肥范围、深度、方法密切相关，因此脐橙土壤施肥方法有沟施、穴施、撒施等。

（1）**环状沟施肥** 在树冠投影外围挖宽 50 厘米、深 40～60 厘米的环状沟，将肥料施入沟内，然后覆土（图 4-3）。挖沟时，为避免伤大根，应逐年外移。此法简单，但施肥面较小，只局限沟内，适合幼树使用。

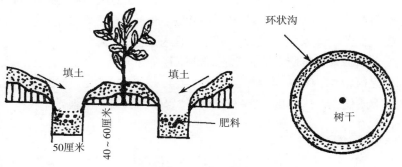

图 4-3 环状沟施肥

（2）**条状沟施肥** 在树冠外围相对方向挖宽 50 厘米、深 40～60 厘米的由树冠大小而定的条沟。东西南北向，每年变换 1 次，轮换施肥（图 4-4）。这种方法在肥源、劳力不足的情况下，生产上使用比较广泛，缺点是肥料集中面小、果树根系吸收养分受到局限。

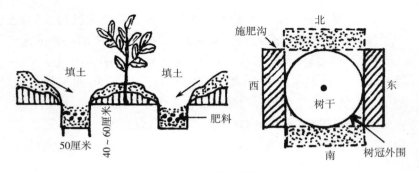

图 4-4　条状沟施肥

（3）**放射沟施肥**　以树干为中心，距干 1 米向外挖 4～8 条放射形沟（图 4-5），沟宽 30 厘米，沟里端浅外端深，里深约 30 厘米，外深 50～60 厘米，长短以超出树冠边缘为止，施肥于沟中。隔年或隔次更换沟的位置，以增加脐橙根系的吸收面。此法若与环状沟施肥相结合，如施基肥用环状沟，追肥可用放射状沟，效果更好。但挖沟时要避开大根，以免挖伤。这种施肥方法肥料与根系接触面大，里外根都能吸收，是一种较好的施肥方法。在劳动力紧缺、肥源不足时不宜采用。

（4）**穴状施肥**　追施化肥和液体肥料如人粪尿等，可用此法。在树冠范围内挖穴 4～6 个（图 4-6），穴深 30～40 厘米，倒入肥液或化肥，然后覆土，每年开穴位置错开，以利于根系生长。

图 4-5　放射沟施肥　　图 4-6　穴状施肥

（5）全园撒施　成年脐橙园，根系已布满全园，可采用全园施肥法，即将肥料均匀撒于园内，然后翻入土中，深度约 20 厘米，一般结合秋耕或春耕进行。此法施肥面积大，大部分根系能吸收到养分，但施肥过浅，不能满足下层根的需求，常导致根系上浮，降低根系固地性，雨季还会使肥效流失，山坡地和沙土地更为严重。此法若与放射沟施肥隔年更换，可互补不足，发挥肥料的最大效用。

（6）灌溉施肥　将各种肥料溶于灌溉水中，通过灌溉系统进行施肥，具有节约用水、肥料，肥效高，不伤根叶，有利于土壤团粒结构保持等特点。喷灌施肥可节省用肥 11%～29%。灌溉施肥成为根系容易吸收的形态，直接浇于树盘内，能很快被根系吸收利用，比土壤干施肥料大大地提高了肥效，增加了肥料利用率。同时，灌溉施肥通过管道把液肥输送到树盘，采用滴灌技术，把肥施入土壤，用于根系吸收，减少了劳力，节约了果园的施肥成本。水肥施用的推荐浓度：0.5% 三元复合肥液、10% 稀薄腐熟饼肥液或沼液、0.3% 尿素液等。

2. 根外追肥　根外追肥又称叶面喷肥，是把营养元素配成一定浓度的溶液，喷到叶片、嫩枝及果实上，15～20 分钟后即可被吸收利用。这种施肥方法简单易行，用肥量少，肥料利用率高，发挥肥效快，而且可避免某些元素在土壤中化学的或生物的固定作用。脐橙保花保果、微量元素缺乏症的矫治、根系生长不良引起的叶色褪绿、结果太多导致暂时脱肥、树势太弱等都可以采用根外追肥，以补充根系吸肥的不足，满足脐橙在不同生育期对养分的需要。但根外追肥不能代替土壤施肥，两者各具特点，互为补充。

（1）叶面施肥注意事项　脐橙叶面吸收养分主要是在水溶液状态下，渗透进入组织，所以喷布浓度不宜过高，尤其是生长前期枝叶幼嫩时，应使用较低浓度，后期枝叶老熟，浓度可适当加大，但喷布次数不宜过多，如尿素使用浓度为 0.2%～0.4%，连续使用次数较多时，会因尿素中含缩二脲而引起中毒，使叶尖变黄，这样反而有害。叶面喷肥应选择阴天或晴天无风上午 10 时前或下午 4 时后进行，喷施应细致周到，注意喷布叶背，做到喷布均匀，喷后下雨，效果差或无效应补喷，一般喷至叶片开始滴水珠为度。喷布浓度严格按要求进行，不可超量，尤其是晴天更应引起重视，否则由于高温干燥水分蒸发太快，浓度很快增高，容易发生肥害。为了节省劳力，在不产生药害的情况下，根外追肥可与农药或植物生长调节剂混用，这样可起到保花保果、施肥和防治病虫害的多种作用。但各种药液混用时，应注意合理搭配。常用根外追肥使用肥料的浓度见表 4–11。

表 4–11　根外追肥使用肥料的适宜浓度

肥料种类	浓度（%）	喷施时期	喷施效果
尿　素	0.1～0.3	萌芽、展叶、开花至采果	提高坐果，促进生长
硫酸铵	0.2～0.3	萌芽、展叶、开花至采果	提高坐果，促进生长
过磷酸钙	1～2	新梢停长至花芽分化	促进花芽分化
硫酸钾	0.3～0.5	生理落果至采果前	果实增大，品质提高
硝酸钾	0.3～0.5	生理落果至采果前	果实增大，品质提高
草木灰	2～3	生理落果至采果前	果实增大，品质提高
磷酸二氢钾	0.1～0.3	生理落果至采果前	果实增大，品质提高
硼砂、硼酸	0.1～0.2	发芽后至开花前	提高坐果率
硫酸锌	0.1	萌芽前、开花期	防治小叶病
柠檬酸铁	0.05～0.1	生长季	防缺铁性黄叶病
硫酸锰	0.05～0.1	春梢萌发前后和始花期	提高产量，促进生长
钼　肥	0.1～0.2	花蕾期、膨果期	增　产

　　（2）叶面施肥时期、肥料种类和施用浓度　新梢生长期间叶面喷施 0.3%～0.5% 尿素与 0.2% 磷酸二氢钾溶液，促进枝梢生长充实；在花期喷施 0.2% 硼砂与 0.3% 尿素，可以促进花粉

发芽与花粉管伸长，并有利于授粉受精；在谢花后，树冠喷施 0.5% 尿素与 0.2% 磷酸二氢钾，可减少落果；7～9 月份，果实迅速膨大期时，树冠喷施 0.3% 磷酸二氢钾，有壮大果实、促进秋梢萌发的作用。9～11 月份，树冠喷施 0.3% 尿素与 0.2% 磷酸二氢钾等，可以促进花芽分化与提高果实品质。

（六）脐橙营养诊断及营养失调矫正

1. 叶片分析营养诊断　叶片是脐橙的主要营养器官，其养分含量反映了树体的营养状况。在树体内，各种营养元素都有一定的适量范围，缺乏或过量都会引起树体生长不平衡，都会在枝、叶、果上表现出不同症状，可凭经验采用目测鉴别，以便及时纠正缺素症。另外，根据叶片分析来测定，就是应用化学分析或其他方法，把叶片中的各种元素的含量及其变化测定出来。根据土壤养分测定，判断脐橙树体内各种营养元素的需求余缺情况及其相互关系，作为指导施肥的依据。柑橘营养诊断指标目前在国内尚无统一标准，现将美国 R·C·J·Koo 等"柑橘叶片营养诊断标准"介绍如下（表 4-12），供参考。

表 4-12　脐橙叶片营养诊断标准

营养元素	占干物质总量的比例				
	缺　乏	偏　低	适　量	偏　高	过　量
氮（%）	<2.2	2.2～2.4	2.5～2.7	2.8～3	>3
磷（%）	<0.09	0.09～0.11	0.12～0.16	0.17～0.29	>0.3
钾（%）	<0.7	0.7～1.1	1.2～1.7	1.8～2.3	>2.4
钙（%）	<1.5	1.5～2.9	3～4.5	4.6～6	>7
镁（%）	<0.2	0.2～0.29	0.3～0.49	0.5～0.8	>0.8
硫（%）	<0.14	0.14～0.19	0.2～0.39	0.4～0.6	>0.6
硼（毫克/千克）	<20	20～35	36～100	101～200	>260
铁（毫克/千克）	<35	35～49	50～120	130～200	>250

续表 4-12

营养元素	占干物质总量的比例				
	缺 乏	偏 低	适 量	偏 高	过 量
锌（毫克/千克）	<18	18～24	25～49	50～200	>200
铜（毫克/千克）	<3.6	3.7～4.9	5～12	13～19	>20
锰（毫克/千克）	<18	18～24	25～49	50～500	>1 000
钼（毫克/千克）	<0.05	0.06～0.09	0.1～1	2～50	>100

2. 营养元素失调及矫正 脐橙缺乏某种元素时，其生理活动就会受到抑制，并在树体外部（枝、叶、果实等）表现出特有的症状。通过典型症状，就可判断缺乏某一元素，从而采取相应的矫正措施。

（1）缺 氮

①症状 缺氮时新梢生长缓慢，叶片小而薄，严重时叶色褪绿黄化，老叶发黄，顶部呈黄色，叶簇生，小叶密生，无光泽，暗绿色。部分叶片先形成不规则绿色和黄色的杂色斑块，最后全叶发黄而脱落。花少而小，无叶花多，落花落果多，坐果率低。老叶有灼伤斑，果皮粗厚，果心大，果小，味酸，汁少，多渣。延迟果实着色和成熟，果实品质差，风味变淡。严重缺氮时，枝梢枯死，树势极度衰退，形成光秃树冠，易形成"小老树"。

②矫正措施 一是新建的脐橙园土壤熟化程度低，土壤结构差，有机质贫乏，应增施有机肥，改良土壤结构，提高土壤的保氮和供氮能力，防止缺氮症的发生。二是合理施用基肥，以有机肥为主，适当增施氮肥，尤其是在春梢萌发和果实膨大期，应及时追肥，以氮肥为主，配合磷、钾肥，以满足树体对氮素的需求，特别是在雨水多的季节，氮素易遭雨水淋溶而流失，应注重氮肥的施用。对已发生缺氮症的脐橙树，可用0.3%～0.5%尿素溶液或0.3%硫酸铵或硝酸铵溶液叶面喷施，一般连续喷施2～3次即可矫治。三是加强水分管理。雨季应加强果园的排水工作，

防止果园积水，尤其是低洼地的脐橙园，以免发生根系因无氧呼吸而造成的黑根烂根现象。旱季及时浇水，保证根系生长发育良好，有利于养分的吸收，防止缺氮症的发生。

（2）缺　磷

①症状　缺磷时，根系生长不良，吸收力减弱，叶少而小，枝条细弱，叶片失去光泽，呈暗绿色，老叶上呈青铜色，出现枯斑或褐斑，有灼伤斑，新梢纤细。严重缺磷时，下部老叶趋向紫红色，新梢停止生长，花量少，坐果率低，形成的果实皮粗而厚，着色不良，果心大，味酸，汁少，多渣，品质差，易形成"小老树"。

②矫正措施　一是在红壤丘陵山地栽种脐橙时，酸性土壤上应配施石灰，调节土壤 pH 值，以减少土壤对磷的固定，提高土壤中磷的有效性。同时，还应增施有机肥，改良土壤，通过微生物的活动促进磷的转化与释放。二是合理施用磷肥。酸性土壤上宜选用钙镁磷肥较为理想。磷肥的施用期宜早不宜迟，一般在秋、冬季结合有机肥作基肥施用，可提高磷肥的利用率。对已发生缺磷症状的脐橙树，可在脐橙生长季节用 0.2%～0.3% 磷酸二氢钾溶液、1%～3% 过磷酸钙溶液或 0.5%～1.0% 磷酸二铵溶液进行叶面喷施。三是认真做好果园的排水工作，尤其是低洼地果园，地下水位高，要防止果园积水，避免根系因无氧呼吸造成黑根烂根现象。雨季要及时排水，提高土壤温度，保证脐橙根系生长发育良好，增加对土壤中磷的吸收。

（3）缺　钾

①症状　缺钾时老叶叶尖和叶缘部位开始黄化，随后向下部扩展，叶片变细并稍卷缩、皱缩，呈畸形，并有枯斑。新梢生长短小细弱。花量少，落花落果严重，果实变小，果皮薄而光滑，易裂果，不耐贮藏。抗旱、抗寒能力降低。

②矫正措施　一是增施有机肥和草木灰等，充分利用生物钾肥资源，实行秸秆覆盖，能有效地防止钾营养缺乏症的发生。二

是合理施用钾肥。脐橙要尽量少用含氯的化学钾肥，因脐橙对氯离子比较敏感，通常施用硫酸钾代替氯化钾。对已发生缺钾症状的脐橙树，可在脐橙生长季节用0.3%～0.5%磷酸二氢钾溶液或0.5%～1.0%硫酸钾溶液进行叶面喷施，也可用含钾量较高的草木灰浸出液进行根外追肥。三是缺钾症的发生与氮肥施用过量有很大的关系。应控制氮肥用量，增施钾肥，以保证养分平衡，避免缺钾症的发生。四是认真做好果园的排水工作，尤其是低洼地果园，地下水位高，易造成果园积水，土壤水分过多，影响根系的呼吸作用，在无氧呼吸条件下，极易造成根系的黑根烂根现象，根系生长发育不良，影响了根系对土壤中钾的吸收，易发生缺钾症。

（4）缺　钙

①症状　缺钙时，根尖受害，生长停滞，植株矮小，严重时可造成烂根，影响树势。多发生在春梢叶片上，表现为叶片顶端黄化，而后扩展到叶缘部位，叶片叶脉褪绿，变狭小，病叶的叶幅比正常窄，呈狭长畸形，发黄并提前脱落。树冠上部的新梢短缩丛状，生长点枯死，树势衰弱。落花落果严重，坐果率低。果小味酸，果形不正，易裂果。

②矫正措施　一是红壤山地开发的脐橙园，土壤结构差，有机质含量低，应增施有机肥料，改善土壤结构，增加土壤中可溶性钙的释放。二是对已发生缺钙严重的果园，一次用肥不宜过多，特别要控制氮、钾化肥用量。一方面，氮、钾化肥用量过多，易与钙产生拮抗作用；另一方面，土壤盐浓度过高，会抑制脐橙根系对钙的吸收。叶面喷施钙肥一般在新叶期进行，通常用0.3%～0.5%硝酸钙或0.3%过磷酸钙，隔5～7天喷1次，连续喷2～3次。三是酸性土壤上应适量使用石灰，每667米^{2}施石灰50～60千克，增加土壤钙含量，可有效地防止缺钙症的发生。四是土壤干旱缺水时，应及时浇水，保证根系生长发育良好，以免影响根系对钙的吸收。

（5）缺　镁

①症状　缺镁时结果母枝和结果枝中位叶的叶脉间或沿主脉两侧出现肋骨状黄色区域，即出现黄斑或黄点，从叶缘向内褪色，形成倒"∧"形黄化，叶尖到叶基部保持绿色约呈倒三角形，附近的营养枝叶色正常。老叶会出现主侧脉肿大或木栓化。严重缺镁时，叶绿素不能正常形成，光合作用减弱，树势衰弱，开花结果少，果少，味淡，果实着色差，低产，出现枯梢，冬季大量落叶，有的患病树采后就开始大量落叶。病树易遭冻害，大小年结果明显。

②矫正措施　一是一般可施用钙镁磷肥和硫酸镁等含镁肥料，每 667 米^2 施石灰 40～60 千克，补给土壤中镁的不足。二是对已发生缺镁症状的脐橙树，可在脐橙生长季节用 1%～2% 硫酸镁溶液进行叶面喷施，每隔 5～10 天喷 1 次，连续喷施 2～3 次。三是雨季加强果园的排水工作，尤其是低洼地果园，地下水位高，要防止果园积水，避免根系因无氧呼吸而造成黑根烂根现象。旱季及时浇水，保证脐橙根系生长发育良好，有利于养分的吸收，防止缺镁症的发生。

（6）缺　硫

①症状　新梢叶像缺氮那样全叶明显发黄。随后枝梢发黄、叶变小，病叶提早脱落，而老叶仍为绿色，形成明显对照。患病叶主脉较其他部位要黄一些，尤以主脉基部和翼叶部位更黄，且易脱落。抽生的新梢纤细，而且多呈丛生状。开花结果减少，成熟期延迟，果小畸形，皮薄汁少。严重缺硫时，汁胞干缩。

②矫正措施　一是新建的脐橙园土壤熟化程度低，有机质贫乏，应增施有机肥，改良土壤结构，提高土壤的保水保肥性能，促进脐橙根系的生长发育和对硫的吸收利用。二是施用含硫肥料，如硫酸铵、硫酸钾等，对已发生缺硫症状的脐橙树，可在脐橙生长季节用 0.3% 硫酸锌、硫酸锰或硫酸铜溶液进行叶面喷施，每隔 5～7 天喷 1 次，连续喷施 2～3 次。

（7）缺　硼

①症状　缺硼时，初期新梢叶出现黄色不定形的水渍状斑点，叶片卷曲，无光泽，呈古铜色、褐色以至黄色。叶畸形，叶脉发黄增粗，主、侧脉肿大，叶脉表皮开裂而木栓化；新芽丛生，花器萎缩，落花落果严重，果实发育不良，果小而畸形，幼果发僵发黑，易脱落，成熟果实果小，皮红，汁少，味酸，品质低劣。严重缺硼时，嫩叶基部坏死，树顶部生长受到抑制，树上出现枯枝落叶，树冠呈秃顶景观，有时还可看到叶柄断裂，叶倒挂在枝梢上，最后枯萎脱落。果皮变厚而硬，表面粗糙呈瘤状，果皮及中心柱有褐色胶状物，果小，畸形，坚硬如石，汁胞干瘪，渣多汁少，淡而无味。

②矫正措施　一是改良土壤环境，培肥地力，增强土壤的保水供水性能，促进脐橙根系的生长发育及其对硼的吸收利用。二是合理施肥，防止氮肥过量，通过增施有机肥、套种绿肥，提高土壤的有效硼，增加土壤供硼能力，可有效地防止缺硼症的发生。三是雨季应加强果园的排水工作，减少土壤有效硼的固定和流失，防止果园积水，以免发生根系因无氧呼吸而造成的黑根烂根现象，降低根系的吸收功能。夏秋干旱季节，脐橙园要及时覆盖或灌水，保证脐橙根系生长健壮，有利于养分的吸收，防止缺硼症的发生。四是对已发生缺硼症状的脐橙树，可进行土施硼砂，土施时最好与有机肥配合施用，用量视树体大小而定，一般小树每株施硼砂 10～20 克、大树施 50 克。也可在脐橙生长季节用 0.2%～0.3% 硼砂溶液进行叶面喷施，每隔 7～10 天喷 1 次，连续喷施 2～3 次，最好加等量的石灰，以防药害。严重缺硼的脐橙园还应在幼果期加喷 0.1%～0.2% 硼砂液 1 次。值得注意的是，无论是土施还是叶面喷施，都要做到均匀施用，切忌过量，以防发生硼中毒；硼在树体内运转力差，应多次喷雾为好，至少保证 2 次，才能真正起到保花保果的作用。

（8）缺　铁

①症状　缺铁时，幼嫩新梢叶片黄化，叶肉黄白色，叶脉仍保持绿色，呈极细的绿色网状脉，而且脉纹清晰可见。随着缺铁程度加重，叶片除主脉保持绿色外，其余呈黄白化。严重缺铁时，叶缘也会枯焦褐变，叶片提前脱落；枝梢生长衰弱，果皮着色不良，淡黄色，味淡味酸。脐橙缺铁黄化以树冠外缘向阳部位的新梢叶最为严重，而树冠内部和荫蔽部位黄化较轻；一般春梢叶发病较轻，而秋梢或晚秋梢发病较重。

②矫正措施　一是改良土壤结构，增加土壤通气性，提高土壤中铁的有效性和脐橙根系对铁的吸收能力。二是磷肥、锌肥、铜肥、锰肥等肥料的施用要适量，以避免这些营养元素过量对铁的拮抗作用，以免发生缺铁症。三是对已发生缺铁症状的脐橙树，可在脐橙生长季节用 0.3%～0.5% 硫酸亚铁溶液进行叶面喷施，每隔 5～7 天喷 1 次，连续喷施 2～3 次。值得注意的是，在挂果期不能喷布树冠，以免烧伤果面，造成伤疤，影响果品商品价值。

（9）缺　锰

①症状　缺锰时，大多在新叶暗绿色的叶脉之间出现淡绿色的斑点或条斑，随着叶片成熟，叶花纹消失，症状越来越明显，淡绿色或淡黄绿色的区域随着病情加剧而扩大。最后叶片部分留下明显的绿斑，严重时则变成褐色，中脉区出现黄色和白色小斑点，引起落叶，果皮色淡发黄，果皮变软。缺锰还会使部分小枝枯死。缺锰多发生于春季低温、干旱的新梢转绿期。

②矫正措施　一是新建的脐橙园土壤熟化程度低，有机质贫乏，应增施有机肥和硫磺，改良土壤结构，提高土壤锰的有效性和脐橙根系对锰的吸收能力。二是合理施肥，保持土壤养分平衡，可有效地防止缺锰症的发生。三是适量施用石灰，以防超量，降低土壤有效锰。四是雨水多的季节，淋溶强烈，易造成土壤有效锰的缺乏。对已发生缺锰症状的脐橙树，可在脐橙生长季

节用 0.5%～1.0% 硫酸锰溶液进行叶面喷施，每隔 5～7 天喷 1 次，连续喷施 2～3 次。

（10）缺　锌

①症状　缺锌时，枝梢生长受抑制，节间显著变短，叶窄而小，直立丛生，表现出簇叶病和小叶病，叶色褪绿，形成黄绿相间的花叶，抽生的新叶随着老熟叶脉间出现黄色斑点，逐渐形成肋骨状的鲜明黄色斑块，严重时整个叶片呈淡黄色，新梢短而弱小。花芽分化不良，退化花多，落花落果严重，产量低。果小、皮厚汁少、味淡。同一树上的向阳部位较荫蔽部位发病为重。

②矫正措施　一是增施有机肥，改善土壤结构。在施用有机肥的同时，结合施用锌肥，土壤施用锌肥可采用硫酸锌，通过增施锌肥和有机肥来改善锌肥的供给状态。提高土壤锌的有效性和脐橙根系对锌的吸收能力。二是合理施用磷肥，尤其是在缺锌的土壤上，更应注意磷肥与锌肥的配合施用；同时，要避免磷肥过分集中施用，以免造成局部缺锌，诱发脐橙缺锌症的发生。三是对已发生缺锌症状的脐橙树，可在发春梢前叶面喷 0.4%～0.5% 硫酸锌溶液，亦可在萌发后喷 0.1%～0.2% 硫酸锌溶液。在脐橙生长季节用 0.3%～0.5% 硫酸锌溶液加 0.2%～0.3% 石灰及 0.1% 洗衣粉作展着剂，进行叶面喷施，每隔 5～7 天喷 1 次，连续喷施 2～3 次，也有较好的效果。四是搞好果园的排灌工作。春季雨水多，及时排除果园积水，并降低地下水位。干旱季节，加强灌溉，保证根系的正常生长和吸收功能，可防止脐橙树缺锌症的发生。

值得注意的是，叶面喷施最好不要在芽期进行，以免发生药害。无论是土壤还是叶面喷施，锌肥的有效期都较长，因此无须年年施用。

（11）缺　铜

①症状　缺铜时，幼枝长而柔软，上部扭曲下垂，初期表现为新梢生长曲折呈"S"形，叶特别大，叶色暗绿，叶肉呈淡黄

色的网状，叶形不规则，主脉弯曲；严重缺铜时，叶和枝的尖端枯死，幼嫩枝梢树皮上产生水泡，泡内积满褐色胶状物质，爆裂后流出，最后病枝枯死。幼果淡绿色，果实细小畸形，皮色淡黄光滑，易裂果，常纵裂或横裂、产生许多红棕色至黑色瘤，果皮厚而硬，肉僵硬而脱落，果汁味淡。

②矫正措施 一是在红壤山地开发的脐橙园，应适量增施石灰，中和土壤酸性。同时，增施有机肥，改善土壤结构，提高土壤有效铜含量和脐橙根系对铜的吸收能力。二是合理施用氮肥，配合磷、钾肥，保持养分平衡，防止氮肥用量过量，引发缺铜症的发生。对已发生缺铜症状的脐橙树，可在脐橙生长季节用0.2%硫酸铜溶液进行叶面喷施，最好加少量的熟石灰（0.15%～0.25%），以防发生伤害，每隔5～7天喷1次，连续喷施2～3次。

（12）氯　害

①症状 受害株叶片在中肋部基部有褐色坏死区域，褐（死组织）绿（活组织）界线清楚，继而叶身从翼叶交界处脱落，乃至整个枝条叶片脱光，同时枝梢出现褐色变干枯。严重受害时整株死亡。

②矫正措施 一是在脐橙树上严格控制施用含氯的化肥，因脐橙对氯离子比较敏感，尤其是要控制含有氯化铵及氯化钾的"双氯"复混肥的施用，以防受氯离子的危害，给脐橙带来不必要的损失。二是对已发生氯中毒的脐橙树，要及时地把施入土壤中的肥料移出，同时叶面喷施1.8%复硝酚钠水剂6 000倍液或0.2%磷酸二氢钾溶液以恢复树势。三是受氯危害严重的脐橙树，造成树体大量落叶，要加重修剪量，在春季萌芽前应早施肥，使叶芽萌发整齐，在各次枝梢展叶后，树冠叶面可喷施0.3%尿素＋0.2%磷酸二氢钾混合液，也可喷施有机营养液肥1～2次，如农人液肥、氨基酸、倍力钙等，以促梢壮梢，尽快恢复树势和产量。

三、水分管理

脐橙是常绿果树，枝梢年生长量大，挂果时期长，对水分要求较高；水是果实、枝叶、根系细胞原生质的组成部分；水是光合作用的原料，并直接参与呼吸作用，以及淀粉、蛋白质、脂肪等的水解；水是无机盐及其他物质的溶剂和各种矿质元素的运输工具；水还能进行蒸腾作用，调节树体的温度，使脐橙适应环境。脐橙园土壤水分状况与树体生长发育、果实产量、品质有直接关系。水分充足时，脐橙营养生长旺盛，产量高，品质优。土壤缺水时，脐橙新梢生长缓慢或停止，严重时，造成落果和减产。但土壤水分过多，尤其是低洼地的脐橙园，雨季易出现果园积水，根系缺氧进行无氧呼吸，致使根系受害，并出现黑根、烂根现象。因此，加强土壤水分管理，是促进树体健壮生长和高产、稳产、优质的重要措施。水分管理包括浇水、排水等措施。

（一）浇　水

1. 浇水时期　在生长季节，当自然降水不能满足脐橙生长、结果需要时，必须浇水。正确的浇水时期，不是等脐橙已从形态上显露出缺水状态（如果实皱缩、叶片卷曲等）时再灌溉，而是要在脐橙未受到缺水影响以前进行。采用的方法一是测定土壤含水量。常用烘箱烘干法，在主要根系分布层 10～25 厘米土层，红壤土含水量 18%～21%、沙壤土含水量 16%～18% 时，即应浇水。二是果径测量。在果实停止发育增大时，即为果实膨大期需浇水期。三是土壤成团状况。果园土为壤土或沙壤土，在 5～20 厘米处取土，用力紧握土不成团、轻碰即散，则要浇水；如果是黏土，就算是可以紧握成团、轻碰即裂，也需要浇水。四是土壤水分张力计应用。现已使用较普遍，装于果园中，用来指导浇水。一般认为，当土壤相对含水量降低至 60%，接近"萎蔫系数"时即应浇水。一般情况下应关注4个灌溉时期：

（1）**高温干旱期**　夏秋干旱季节，尤其是7～8月份温度高、蒸发量大，此时正值果实迅速膨大和秋梢生长时，需要大量水分。缺水会抑制新梢生长，影响果实发育，甚至造成大量落果。所以，7～8月份高温干旱期，是脐橙需水的关键时期。

（2）**开花期和生理落果期**　此期气温高达30℃以上，或遇干热风时，极易造成大量落花落果，必须及时地对果园进行灌溉，或采取树冠喷水，可起到保花保果的作用，尤其是对防止异常落花落果，效果十分明显。

（3）**果实采收后期**　果实中含有大量水分，采果后，树体因果实带走大量的水分而出现水分亏缺现象，破坏了树体原有的水分平衡状态，再加上天气干旱，极易引起大量落叶。为了迅速恢复树势、减少落叶，可结合施基肥，及时浇采（果）后水，可促使根系吸收和叶片的光合效能，增加树体的养分积累，有利于恢复树势，提高花芽分化质量，为树体安全越冬和翌年丰产打好基础。

（4）**寒潮来临前期**　一般在12月份至翌年1月份，常常遭受低温侵袭，使脐橙园出现冻害，引起大量的果实受冻，影响果实品质。为此，在寒潮来临之前，果园进行浇水，对减轻冻害十分有效。

2. 浇水量　脐橙需水量受气候条件、土壤含水量等影响较大。一般应根据土质、土壤湿度和脐橙根群分布深度来决定。最适宜的浇水量，应在一次灌溉中使脐橙根系分布范围内的土壤湿度达到最有利于其生长发育的程度，通常要求脐橙根系分布范围内的土壤相对含水量达到60%～80%，浇水以一次性浇足为好。如果浇水次数多而量太小，土壤很快干燥，不能满足脐橙需水要求，也易引起土壤板结；浇水时，幼龄脐橙树每株浇水25～50升，浇水次数适当增加；成年脐橙树每株浇水100～150升，水分达到土层深度的40厘米左右，以利保持土壤湿润的目

的。浇 1 次水后，若在 7～8 月份高温季节未遇雨时，需隔 10～
15 天再浇第二次水。灌溉后，适时浅耕，切断土壤毛细管，或进
行树盘覆盖，减少土壤水分蒸发，有利防旱蓄水效果的提高。

3. 浇水方法　山地果园灌溉水源多依赖修筑水库、水塘拦
蓄山水，也有利用地下井水或江河水，引水上山进行灌溉的。

合理浇溉必须符合节约用水的原则，充分发挥水的效能，又
要减少对土壤的冲刷。常用的灌溉方法有沟灌、浇灌、蓄水灌
溉、喷灌和滴灌。

（1）沟灌　平地脐橙园，在行间挖深 20～25 厘米的灌溉沟，
使之与输水道垂直，稍有比降，实行自流灌溉。灌溉水由沟底、
沟壁渗入土中。山地梯田可以利用台后沟（背沟）引水至株间灌
溉。山地脐橙园因地势不平坦，灌溉之前也可在树冠滴水线外缘
开环状沟，并在外沟缘围筑一小土埂，逐株将水引入沟内或树盘
中。浇水完毕，将土填平。此法用水经济，全园土壤浸湿均匀。
但应注意，浇水切勿过量。

（2）浇灌　在水源不足或幼龄脐橙零星分布种植的地区，可
采用人力排水或动力引水皮管浇灌。一般在树冠下地面开环状
沟、穴沟或盘沟进行浇水。这种方法费工费时，为了提高抗旱
的效果，可结合施肥进行，在每担水中加入 4～5 勺人粪尿，或
0.1～0.15 千克尿素，浇灌后即行覆土。该法简单易行，目前在
生产中应用极为普遍。

（3）蓄水灌溉　在果园内挖蓄水池，利用降雨时集中雨水到
池内，以备干旱时解决水源不足的问题。水池规格为长 3.5 米、
宽 2.5 米、深 1.2 米，池内表面使用水泥或混凝土，以防水渗，一
个水池可蓄水 10 米^3。1200～1800 米^2 修筑 1 个水池，就可基本
解决一次灌溉的需水量。还可利用池水配制农药，节约挑水用工。

（4）喷灌　喷灌是利用水泵、管道系统及喷头等机械设备，
在一定的压力下将水喷到空中分散成细小水滴灌溉植株的一种方
法。其优点是：减少径流，省工省水，改善果园的小气候，减少

对土壤结构的破坏，保持水土，防止返盐，不受地域限制等。但其投资较大，实际应用有些困难。

（5）**滴灌** 滴灌又称滴水灌溉，是将有一定压力的水，通过系列管道和特制毛细管滴头，将水呈滴状渗入果树根系范围的土层，使土壤保持脐橙生长最适宜的水分条件。其优点是：省水省工，可有效地防止表面蒸发和深层渗透，不破坏土壤结构，增产效果好。滴灌不受地形限制，更适合于水源紧缺、地势起伏的山地脐橙园。滴灌与施肥结合，可提高工效，节省肥料。但滴灌的管道和滴头易堵塞。

（二）排 水

土壤水分过多，尤其是低洼地脐橙园，雨季易造成园地积水，土壤通气不良，缺乏氧气，从而抑制根系的生长和吸收功能，形成土中虽有水而根系却不能吸收的"生理"干旱现象。根部缺氧使根系不能进行正常的呼吸作用，无氧呼吸产生一些有毒物质，如硫化氢、甲烷等，积水时间一长，致使根系受害，并出现黑根烂根现象，甚至一部分根系会窒息死亡。所以，雨季必须排水，确保园地不积水，对脐橙的健壮生长、高产优质，至关重要。

脐橙园的排水，可以在园内开排水沟，将水排出；也可以在园内地下安设管道，将土壤中多余的水分由管道中排除。即明沟排水和暗沟排水两种方式。生产中较多采用明沟排水。

对已经受涝被淹的脐橙树，要及时排除积水，在雨停退水时抢时间，清除杂物，利用洪水泼洗被污染的枝叶，减少泥渍。待洪水全部退去后，对冲倒的脐橙树进行扶正、培土、护根，然后再一次用清水冲洗被淹叶片上的泥土，使枝叶能进行正常的生理活动，并及时松土散墒，使土壤通气，促使根系尽快恢复生长，以减轻受害。

第五章
脐橙整形修剪

一、整形修剪的概念及意义

脐橙整形修剪是以其枝、芽和开花结果的生物学特性为基础，以培育丰产的树形结构、调节生长与结果的矛盾、提高产量和延长经济寿命为目的的生产技术措施。整形，就是将树体整成理想的形状，使树体的主干、主枝、副主枝等具有明确的主从关系、数量适当、分布均匀，从而构成高产稳产的特定树形。修剪，就是在整形的基础上，为使树体长期维持高产稳产，而对枝条所进行的剪截整理。修剪包括修整树形和剪截枝梢两部分。整形修剪的原则是充分利用光能，达到立体结果。

对于脐橙树来说，如果任其自然生长，势必造成树形紊乱，树冠枝条重叠郁闭，树体通风透光条件差，内膛枯枝多，树势早衰，极易形成伞形树冠，出现平面化结果，产量低，品质差，大小年结果现象十分明显，甚至出现"栽而无收"的情况。因此，整形修剪是脐橙优质丰产的重要技术措施，它以脐橙的生长发育规律和品种特性为依据，对脐橙树进行合理的整形修剪，培育高度适当的主干，配备一定数量长度和位置合适的主枝、副主枝等骨干枝，使树体的主干、主枝、副主枝等具有明确的主从关系，形成结构牢固的理想树形，并能在较长的时期里承担最大的载果量。同时，通过修剪；疏除树冠内的过密枝、弱枝和病虫枯枝，去掉遮阴枝，可以改善树体通风透光条件，有利于光合作用，从而使树体达到立体结果的目的；通过修剪，可以调节营养枝与结果枝的比例，协调生长与结果的关系，使树体营养生长与生殖生长保持平衡，防止出现大小年结果的现象；通过修剪，可以调节树体的营养分配，减少非生产性养分消耗，积累养分，改善果实的品质，提高果实的商品价值。通过修剪，可以防止脐橙树体早衰，使脐橙树保持较长时间的盛果期，延长脐橙树的经济寿命，从而达到高产、稳产、优质、高效的栽培目的。

二、整形修剪方法与时期

（一）整形修剪方法

1. 短截　也叫短剪。通常剪去脐橙树 1～2 年生枝条前端的不充实部分，保留后段的充实健壮部分。短截能刺激剪口芽以下 2～3 个芽萌发出健壮强枝，促进分枝，有利于树体营养生长。短截可调节生长与结果的矛盾，起到平衡树势的作用。短截营养枝，能减少翌年花量；短截衰弱枝，能促发健壮新梢；短截结果枝，可减少当年结果量，促发营养枝。短截时，通过对剪口芽方位的选择，可调节枝的抽生方位和强弱。短截还可以改善树冠内部通风透光条件，增强立体结果能力。

根据对脐橙树枝条剪截程度的不同，将其短截分为以下几种类型（图 5-1）。

（1）轻度短截　剪去整个枝条 1/3 的，叫轻度短截。经过轻度短截后的脐橙树枝条，所抽生的新梢较多，但枝梢生长势较弱，生长量较少。

（2）中度短截　在脐橙树的整形修剪过程中，剪去整个枝条 1/2 的，叫中度短截。脐橙树的枝条，经过中度短截后所留下的饱满芽较多，萌发的新梢量为中等。

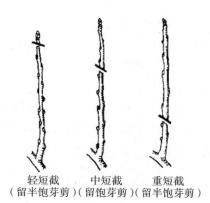

轻短截　　　中短截　　　重短截
（留半饱芽剪）（留饱芽剪）（留半饱芽剪）

图 5-1　短　截

（3）重度短截　在脐橙树的整形修剪过程中，剪去整个枝条 2/3 以上的，叫重度短截。脐橙树的枝条，经过重度短截后，去除了具有先端优势的饱满芽，所抽发的新梢虽然较少，但长势和成枝率均较强。

短截要注意剪口芽生长的方向、剪口与芽的距离和剪口的方向（图 5-2）。通常，在芽上方 0.5 厘米，与芽方向相反一侧削 1 个 45°角平直斜削面，剪口芽的枝条削面过高、过低、过平、过斜或方向不对都会影响以后的生长。

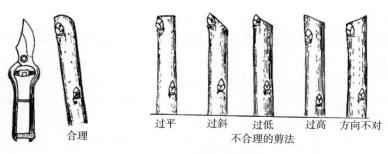

合理　　　过平　　过斜　　过低　　过高　方向不对
不合理的剪法

图 5-2　短截剪口的留法

2. 疏删 疏删也叫疏剪。这是将1～2年生的枝条从基部剪除的修剪方法。其作用是调节各枝条间的生长势。对脐橙树1～2年生枝条进行疏剪，其原则是去弱留强，间密留稀。主要疏去脐橙树上的交叉枝、重叠枝、纤弱枝、丛生枝、病虫枝和徒长枝等（图5-3）。由于疏剪减少了枝梢的数量，改善了留树枝梢的光照和养分供应情况，能促使它们生长健壮，多开花，多结果。

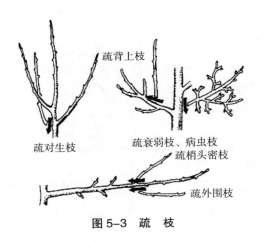

图5-3 疏 枝

3. 回缩 回缩也叫缩剪，是短截的一种。它主要是对脐橙树的多年生枝条（或枝组）的先端部分进行修剪，通常剪到分枝处（图5-4）。常用于大枝顶端衰退或树冠外密内空的成年脐橙树和衰老脐橙树的整形修剪，以便更新树冠的大枝。顶端衰老枝组经过回缩后，可以改善树冠内部的光照条件，促使基部抽发壮梢，充实内膛，恢复树势，增加开花和结果量。

对成年脐橙树或衰老脐橙树进行回缩修剪，其结果常与被剪大枝的生长势及剪口处留下的剪口枝的强弱有关。回缩越重，剪口枝的萌发越强，生

图5-4 回 缩

长量越大。回缩修剪后，大枝的更新效果比小枝明显。

4. 拉枝　在脐橙幼树整形期，可采用绳索牵引拉枝，竹竿、木棍支撑和石块等重物吊枝、塞枝等方法，使植株主枝、侧枝改变生长方向和长势，以适应整形对方位角和大枝夹角的要求，进而调节骨干枝的分布和长势。这种整形的方法称之为拉枝（图5-5）。拉枝是脐橙幼树整形中培育主枝和侧枝等骨干枝常用的有效方法。

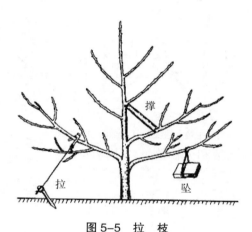

图5-5　拉　枝

5. 抹芽放梢　利用脐橙复芽的特性，在脐橙树的夏、秋梢抽生至1～2厘米长时，将其中不符合生长结果需要的嫩芽抹除，称抹芽。由于脐橙的芽是复芽，因而把零星早抽生的主芽抹除后，可刺激副芽和附近其他芽萌发，抽出较多的新梢。经过反复几次抹芽，直至正常的抽梢时间到了后即停止抹除，使众多的芽同时萌发抽生，称为放梢。

幼龄脐橙树经多次抹芽后放出的夏、秋梢，数量多，抽生整齐，使树冠枝叶紧凑。对于脐橙结果树来说，经过反复抹去夏梢，可减少夏梢与幼果争夺养分所造成的大量落果。幼嫩的新梢集中放出后，有利于防治溃疡病、潜叶蛾等病虫害，也可通过适时放梢来防止晚秋梢抽生。值得注意的是，新芽萌出 1～2 厘米长时，必须及时抹除，如果新梢过长才抹除，除增加养分损失、延误放梢时间外，还会造成较大的伤口，最终延迟新梢萌发，降低新梢质量，或使放梢后新梢生长参差不齐。其次，抹芽放梢应在树势生长良好的情况下进行，还必须结合施肥浇水，才会收到良好的效果。一般要求在抹芽开始时或放梢前 15～20 天施用腐熟的有机液肥，充分浇水，使放出的新梢整齐而健壮。

6. 摘心　在新梢停止生长前，按整形要求的长度，摘除新梢先端的幼嫩部分，保留需要的长度，称之为摘心（图 5-6）。通过对幼龄脐橙树的摘心，可以抑制枝条的延长生长，促进枝条充实老熟，利用芽的早熟性和一年多次抽枝的特性，促使侧芽提早萌发，抽发健壮的侧枝，以加速树冠的形成，尽早投产。摘心处理还可降低分枝高度，增加分枝级数和分枝数量，使树体丰满而紧凑。摘心处理常用于幼龄脐橙树整形修剪和更新修剪后的植株。对成年脐橙树摘心，主要是为了促使其枝条充实老熟。

图 5-6　摘　心

（二）整形修剪时期

脐橙树在不同的季节抽生不同类型的枝梢。根据不同的修剪目的，可将脐橙树的修剪分为休眠期修剪和生长期修剪。

1. 休眠期修剪　从采果后到春季萌芽前，对脐橙树所进行的修剪叫冬季修剪，也称休眠期修剪。脐橙树无绝对的休眠期，只有相对休眠期。处于相对休眠状态的脐橙树，生理活动减弱。此时对其进行修剪，养分损失较少。冬季无冻害的脐橙产区，采果后对脐橙树修剪越早，伤口愈合越快，效果越好。冬季有冻害的脐橙产区，可在春季气温回升转暖后至春芽萌动前，对脐橙树进行修剪。

对脐橙树进行冬季修剪，主要是对枝条进行疏剪，剪除病虫枝、枯枝、衰弱枝、交叉枝、过密荫蔽枝、衰退的结果枝和结果母枝。对衰退的大枝序进行回缩修剪以更新树冠，目的是剪除废枝，保留壮枝，调节树体营养，控制和调节花量，以充分利用光照，达到生长与结果的平衡。通过修剪，可调节树体养分分配，复壮树体，恢复树势，协调生长与结果的关系，使翌年抽生的春梢生长健壮，花器发育充实，能提高坐果率。需要更新复壮的老树、弱树或重剪促梢的树，也可在春梢萌动时回缩修剪。重剪后，脐橙树树体养分供应集中，新梢抽发多而健壮，树冠恢复快，更新效果好。

2. 生长期修剪　生长期修剪，系指春梢抽生后至采果前所进行的各种修剪。通常分为春季修剪、夏季修剪和秋季修剪。在生长期，脐橙生长旺盛，生理活动活跃，修剪后反应快，生长量大。对衰老树、弱树的更新复壮及抽发新梢具有良好的作用。

生长期修剪，可调节树体养分分配，缓和生长与结果的矛盾，提高坐果率。对于促进结果母枝的生长和花芽分化、延长丰产年限、克服大小年现象等方面，具有明显的效果。

（1）**春季修剪**　也称花前复剪，即在脐橙树萌芽后至开花前所进行的修剪。这是对冬季修剪的补充，其目的是调节春梢、花蕾和幼果的数量比例，防止因春梢抽生过旺而加剧落花落果。对现蕾、开花结果过多的树，疏剪成花母枝，剪除部分生长过弱的结果枝，疏除过多的花朵和幼果，可减少养分消耗，达到保果的目的。在春芽萌发期，及时疏除树冠上部并生芽及直立芽，多留斜生向外的芽，减少一定数量的嫩梢，对提高坐果率具有明显的效果。

（2）**夏季修剪**　夏季修剪是指脐橙春梢停止生长后到秋梢抽生前（即5～7月份），对树冠枝梢所进行的修剪。它包括幼树抹芽放梢，培育骨干枝，并结合进行摘心。一般在春梢5～6片叶、夏梢6～8片叶时摘心，以促使枝条粗壮，芽眼充实，培育多而健壮的基枝，达到扩大树冠的目的。对成年结果树进行抹芽控梢，抹除早期夏梢，缓和生长与结果的矛盾，避免它与幼果争夺养分，可减轻生理落果。夏剪时间最好在放秋梢前 15 天左右，夏剪的对象主要是短截更新 1～3 年生的衰弱枝群，促发健壮的秋梢。夏剪要留有 10 厘米枝桩，以便抽吐新梢。短截枝条的粗度根据树体状况而定，衰老树则短截直径 0.5～0.8 厘米的衰弱枝群，青壮年树可短截 0.3～0.5 厘米的衰弱枝群，每剪口可促发 2～3 条新梢，同龄树剪口越粗，发梢越多，发梢越早。短截枝条多少，应根据树势而定，特别是衰弱枝多寡而定，丰产期树以 80～100 条为宜。脐橙内膛短壮枝结果能力强，应尽量保留。同时，通过短截部分强旺枝梢，并在抹芽后适时放梢，培育多而健壮的秋梢结果母枝，是促进增产、克服大小年现象的一项行之有效的技术措施。

（3）秋季修剪　通常是指 8～10 月份所进行的修剪工作。包括抹芽放梢后，疏除密弱和位置不当的秋梢，以免秋梢母枝过多或纤弱；通过断根措施，促使母枝花芽分化；同时，还可继续疏除多余的果实，以改善和提高果实的品质。

三、幼树整形

脐橙幼树是指定植后至投产前的树。苗木定植后 1～3 年，应根据脐橙的特性，选择合适的树形，培育高度适当的主干，配备一定数量、长度和位置合适的主枝、副主枝等骨干枝，使树体的主干、主枝、副主枝等具有明确的主从关系，形成结构牢固的理想树形，并能在较长的时期里承担最大的载果量，从而达到高产、稳产、优质、高效的栽培目的。

（一）树形选择

合理的树形，对于脐橙树的生长发育和开花结果具有非常重要的意义，因此生产中应根据脐橙的特性，对幼树进行整形。在通常情况下，脐橙主要树形有自然圆头形树形（图 5-7）和自然开心形树形（图 5-8）。

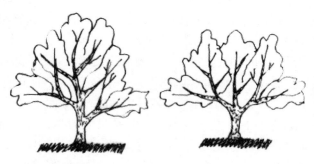

图 5-7　自然圆头形树形　　　图 5-8　自然开心形树形

1. 自然圆头形　自然圆头形树形，符合脐橙树的自然生长习性，容易整形和培育。其树冠结构特点是：接近自然生长状态，主干高度为 30～40 厘米，没有明显的中心干，由若干粗壮的主枝、副主枝构成树冠骨架。主枝数为 4～5 个，主枝与主干呈 45°～50°角，每个主枝上配置 2～3 个副主枝，第一副主枝距主干 30 厘米，第二副主枝距第一副主枝 20～25 厘米，并与第一副主枝方向相反，副主枝与主干呈 50°～70°角。通观整棵脐橙树，树冠紧凑饱满，呈圆头形。

2. 自然开心形　自然开心形树形，树冠形成快，进入结果期早，果实发育好，品质优良，而且丰产后修剪量小。其树冠结构特点是：主干高度为 30～35 厘米，没有中心干，主枝数 3 个，主枝与主干呈 40°～45°角，主枝间距约为 10 厘米，分布均匀，方位角约呈 120°，各主枝上按相距 30～40 厘米的标准，配置 2～3 个方向相互错开的副主枝。第一副主枝距主干 30 厘米，并与主干呈 60°～70°角。这种状态的脐橙树形，骨干枝较少，多斜直向上生长，枝条分布均匀，从属分明，树冠开张，开心而不露干，树冠表面多凹凸形状，阳光能透进树冠的内部。

（二）整形过程

1. 自然圆头形的整形过程　实际上脐橙幼树整形工作，在苗圃对嫁接苗剪顶时就已经开始。待嫁接苗春梢老熟后，留10～15厘米长，进行短截。夏梢抽出后，只留1条顶端健壮的夏梢，其余摘除。当夏梢长至10～25厘米时，进行摘心。如有花序也应及时摘除，以减少养分消耗，促发新芽。在立秋前7天剪顶，立秋后7天左右放秋梢。剪顶高度以离地面50厘米左右为宜，剪顶后有少量零星萌发的芽要抹除1～2次，促使大量的芽萌发至1厘米长时，统一放秋梢。剪顶后剪口附近1～4个节每节留1个大小一致的幼芽，其余的摘除。选留的芽要分布均匀，以促使幼苗长成多分枝的植株。要求幼苗主干高度25～30厘米，并有4～5条生长健壮的枝梢，分布均匀、长度在15～23厘米，作为主枝来培养。在主枝上再留中秋梢（9月上旬梢），作为副主枝培养。

（1）**第一年**　定植后，为了及时控制和选留枝、芽，减少养分消耗，必须根据脐橙具有复芽的特性，加强抹芽和摘心，使枝梢分布均匀，长度适中。抹芽的原则是"去零留整，去早留齐"。即抹去早出的、零星的、少数的芽，待全园有70%以上的单株已萌梢，每株枝有70%以上的新梢萌发时，就保留不抹，这叫放梢。要求幼苗主干高度30～40厘米，没有明显的中心干，主枝数4～5个，主枝与主干呈45°～50°角。保留的新梢在嫩叶初展时留5～8片叶后摘心，促其生长粗壮，提早老熟，促发下次梢。经过多次摘心处理后，一般可萌发3～4次梢，即春梢、早夏梢、晚夏梢和早秋梢，有利于脐橙枝梢生长，扩大树冠，加速树体成形。

（2）**第二年**　对枝梢生长继续作摘心处理，在主枝上距离主干30厘米处，选留生长健壮的早秋梢，作为第一副主枝来培养。每次梢长2～3厘米时，要及时疏芽，调整枝梢。为使树势均匀，留梢时应注意强枝多留，弱枝少留。通常春梢留5～6片叶、夏梢留6～8片叶后进行摘心，以促使枝梢健壮。秋梢一般不摘心，以防发生晚秋梢。

（3）**第三年** 继续培养主枝和选留副主枝，配置侧枝，使树冠尽快扩大。在此期间，主枝要保持斜直生长，以保持生长强势。每个主枝上按相距20～25厘米的要求，配置方向相互错开的2～3个副主枝。副主枝与主干呈50°～70°角。在整形过程中，要防止出现上下副主枝、侧枝重叠生长的现象，以免影响光照（图5-9）。

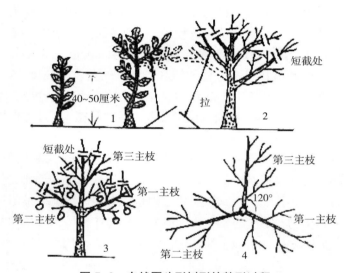

图5-9 自然圆头形树形的整形过程
1.第一年整形 2.第二年整形 3.第三年整形 4.俯视图

2. 自然开心形的整形过程

（1）**第一年** 定植后，在春梢萌芽前将苗木留50～60厘米长后短截定干。剪口芽以下20厘米为整形带。在整形带内选择3个生长势强、分布均匀和相距10厘米左右的新梢作为主枝培养，并使其与主干呈40°～45°角；对其余新梢，除少数作辅养枝外，其他的全部抹去。整形带以下即为主干。在主干上萌发的枝和芽应及时抹除，保持主干有 30～35 厘米高度。

（2）**第二年**　在春季发芽前短截主枝先端衰弱部分。抽发春梢后，在先端选一强梢作为主枝延长枝，其余的作侧枝。在距主干 35 厘米处，选留第一副主枝。以后，主枝先端如有强夏、秋梢发生，可留 1 个作主枝延长枝，其余的进行摘心。对主枝延长枝，一般留 5～7 个有效芽后下剪，以促发强枝。保留的新梢，根据其生长势，在嫩叶初展时留 5～8 片叶后摘心。通过摘心，促其生长粗壮，提早老熟，促发下次梢，经过多次摘心处理后，有利于枝梢生长，扩大树冠，加速树体成形。

（3）**第三年**　继续培养主枝和选留副主枝，配置侧枝，使树冠尽快扩大。主枝要保持斜直生长，以保持生长强势。同时，陆续在各主枝上按相距 30～40 厘米的要求，选留方向相互错开的 2～3 个副主枝。副主枝与主干呈 60°～70°角。在主枝与副主枝上，配置侧枝，促使其结果（图 5-10）。

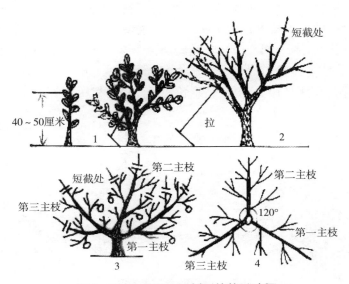

图 5-10　自然开心形树形的整形过程

1.第一年整形　2.第二年整形　3.第三年整形　4.俯视图

在脐橙幼树定植后 2～3 年内，对于树上在春季形成的花蕾均予摘除。第三、第四年后，可让树冠内部、下部的辅养枝适量结果；对主枝上的花蕾，仍然予以摘除，以保证其生长强大，扩大树冠。

（三）撑、拉、吊、塞，矫正树形

一般幼龄脐橙树分枝角度小、枝条密集直立，不利于形成丰产的树冠，因而必须通过拉线整形，使主枝和主干开张角度呈 45°～50°，以保持树体的主干、主枝和副主枝具有明确的主从关系，使其分布均匀，结构牢固，并能在较长时期内承担最大的载果量。

主枝分枝角度，包括基角、腰角和梢角（图 5-11）。

分枝基角越大，负重力越大，但易早衰。多数幼龄脐橙树基角及腰角偏小，应注意开张。整形时，一般腰角应大些，基角次之，梢角小一些。通常基角为 40°～45°，腰角 50°～60°，梢角 30°～40°，主枝方位角为 120°。对树形歪斜、主枝方位不当和基角过小的树，可在其生长旺盛期（5～8 月份），采用撑（竹木杆）、拉（绳索）、吊（石头）或坠的办法，加大主干与主枝间的角度（图 5-12）。对主枝生长势过强的脐橙树，可用背后枝代

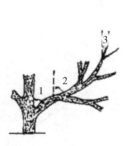

图 5-11　主枝的分枝角度

1. 基角　2. 腰角　3. 梢角

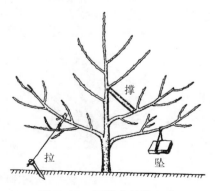

图 5-12　开张主枝的角度

替原主枝延长枝，以减缓生长势，开张主枝角度。主枝方位角的调整，也是脐橙树整形中的重要内容。相邻主枝间的夹角称为方位角。主枝应分布均匀，其方位角应大小基本一致。如果不是这样，则可采取通过绳索拉和石头吊等方法，调整脐橙树主枝的方位角，使主枝分布均匀，树冠结构合理，外形基本圆整。具体的方法是：将选留为主枝的、分枝角度小的新梢用绳缚扎，把分枝角度拉大到 60°～70°角，再将绳子的另一端缚住竹篾，插入地下固定，使之与主干形成合理的角度，经 20～25 天后，枝梢定形再松缚，就能恢复成 45°～50°角。值得注意的是：拉绳整形应在放梢前 1 个月完成，并要抹除树干和主枝上的萌芽。

四、不同年龄树的修剪

按树龄的不同，脐橙分为幼龄树、初结果树、盛果期树和衰老树等 4 类。不同生育阶段的脐橙树，具有不同的生理特点和需要解决的矛盾。因此，在不同的生育阶段，有着不同的修剪方法。

（一）幼龄树修剪

1. 幼龄树生长特点 脐橙树从定植后至投产前，这一时期称幼龄树。幼苗定植成活后，便开始离心生长，生长势强，每年抽发大量的春梢、夏梢和秋梢，不断扩大树冠。骨干枝愈来愈长，树冠内密生枝和外围丛生枝愈来愈多，如果不对它进行适当修剪，就难以形成理想的结果树冠。因此，幼龄树修剪量宜轻，应该以抽梢、扩大树冠、培养骨干枝、增加树冠枝梢和叶片量为主。

2. 幼龄树修剪方法

（1）**春季修剪** 按照"三去一、五去二"的方法疏去主枝、副主枝和侧枝上的密生枝；短截树冠内的重叠枝、交叉枝、衰弱枝;对长势强的长夏梢,应齐树冠园头顶部短截,避免形成树上树;对没有利用价值的徒长枝,应从基部剪除,以免影响树冠紧凑;对主干倾斜或树冠偏歪的脐橙树,可采取撑、拉、吊等辅助办法矫正树形。

（2）夏季修剪

①短截延长枝　在5月中下旬,当主枝、副主枝和侧枝每次抽梢达20～25厘米时,及时摘心。如枝梢已达木质化程度时,应剪去枝梢先端衰弱部分。摘心和剪梢能促进枝老熟,促发分枝,有利于抽发第二次和第三次梢,增加分枝级数,提前形成树冠,提早结果。通过剪口芽的选留方向和短截程度的轻重,可调节延长枝的方位和生长势。

②夏秋长梢摘心　幼龄树可利用夏秋长梢培养骨干枝,扩大树冠。当夏秋梢长至20～25厘米时,进行摘心,使枝梢生长健壮,提早老熟,促发分枝。经摘心处理后,有利于枝梢生长,扩大树冠,加速树体成形。

③抹芽放梢　当树冠上部、外部或强旺枝顶端零星萌发的嫩梢达1～2厘米时,即可抹除。每隔3～5天抹除1次,连续抹3～5次,待全园有70%以上的单株已萌梢,每株枝有70%以上的新梢萌发时,就停止抹芽,让其抽梢,这叫放梢。结合摘心,放1～2次梢,促使其多抽生1～2批整齐的夏、秋梢,以加快生长,加快扩冠。

④疏除花蕾　幼龄树生长主要是营养生长,发好春、夏、秋梢,迅速扩大树冠,形成树冠骨架。如果使它过早开花结果,就会影响枝梢生长,不利于树冠形成,易变成小老树。因此,1～3年脐橙树在显蕾后,应摘除其花蕾。树势强壮的3年生树,可在树冠内部和中下部保留少部分花蕾,控制少量挂果。也可采用激素控制花蕾,其方法:在上年11月份至12月上旬,每隔15天喷布1次100～200毫克/千克赤霉素溶液,共喷3次,翌年基本上无花,可代替幼树人工疏花,还有增强树体营养的效果。

⑤疏剪无用枝梢 幼龄树修剪量宜轻，尽可能保留可保留的枝梢作为辅养枝。同时，要适当疏删少量密弱枝，剪除病虫枝和扰乱树形的徒长枝等无用枝梢，以节省养分，有利于枝梢生长，扩大树冠。

（二）初结果树修剪

1. 初结果树生长特点 脐橙定植后 3～4 年开始结果，产量逐年上升。此时，树体既生长，又结果，但以生长为主，继续扩大树冠，使它尽早进入结果盛期。同时，又要结果，每年保持适度的产量。初结果树营养生长较旺，枝梢抽生量大，梢果矛盾比较明显，生理落果较重，产量很不稳定。

2. 初结果树修剪方法

（1）春季修剪

①短截骨干枝 对主枝、副主枝、侧枝和部分树冠上部的枝条，留 2/3 或 1/2 进行短截，抽生强壮的延长枝，保持旺盛的生长势，不断扩大树冠；同时，继续配置结果枝组，形成丰满的树冠。

②轻剪内膛枝 对内膛枝，仅短截扰乱树形的交叉枝，疏剪部分丛生枝、密集枝，并疏除枯枝、病虫枝。一般宜轻剪或不剪，修剪量不宜过多。

③回缩下垂枝 进入初结果期的脐橙树，其树冠中下部的春梢会逐渐转化为结果母枝，而上部的春梢则是抽发新梢的基枝。因此，对树冠中下部的下垂春梢，除纤弱梢外，应尽量保留，让其结果。待结果后，每年在下垂枝的先端下垂部分，进行回缩修剪，既可更新复壮下垂枝，又能适当抬高结果位置，不至于梢果披垂至地面，受地面雨水的影响，感染病菌，影响果品的商品价值。

（2）夏季修剪

①摘心 对旺盛生长的春梢，应进行摘心，迫使春梢停止生

长，减少因梢果矛盾造成的落花落蕾；夏梢、早秋梢长至20～25厘米时，应进行摘心，使枝梢生长健壮，提早老熟，促发分枝；对于秋梢不宜摘心，因摘心后的秋梢，不能转化为结果母枝，花量减少，难以保证适量的挂果量。

②抹芽控梢 初结果树，营养生长与生殖生长易失去平衡，往往由于施肥不当、氮肥用量过多，抽发大量的夏梢，营养生长过旺，造成幼果因养分不足而加重生理落果。为了缓和生长与结果的矛盾，可在5月底至7月上旬，每隔5～7天抹除幼嫩夏梢1次。也可结合在5月底或6月初，夏梢萌发后3～4天，喷布调节膦500～700毫克/千克，亦能有效地抑制夏梢抽发。7月中旬第二次生理落果后，配合夏剪和肥水管理，促发秋梢。

③促发秋梢 秋梢是脐橙初结果树的主要结果母枝。在6月底至7月初，重施壮果促梢肥；在7月中下旬，对树冠外围的斜生粗壮春梢，保留3～4个有效芽，进行短截，促发健壮秋梢，作为翌年优良的结果母枝。

④继续短截延长枝 对主枝、副主枝、侧枝和部分树冠上部的枝条，留2/3或1/2进行短截，抽生强壮的延长枝，保持旺盛的生长势，不断扩大树冠；同时，促使侧枝或基部的芽萌发抽枝，培育内膛和中下部的结果枝组，增加结果量，形成丰满的树冠。

⑤曲枝、扭枝促花 脐橙9月份开始花芽生理分化，11月份开始花芽形态分化，在9～10月份，是控制花芽分化的关键时期。通常对长势旺的夏、秋长梢进行曲枝、扭枝处理，削弱枝的生长势，有利于花芽分化，可增加花量，提高花质。曲枝、扭枝处理时期，以枝梢长到约30厘米尚未木质化时为宜。曲枝是将夏、秋长梢弯曲，把枝尖缚扎在该枝的基部；扭枝（图5-13）是在夏、秋长梢基部以上5～10厘米处，把枝梢扭向生长相反的方向，即从基部扭转180°下垂，或掖在下半侧的枝腋间。掖梢时，一定要牢稳可靠。要注意防止被扭枝梢重新翘起，生长再度变旺，而达不到扭梢的目的。

扭转180°

图 5-13 扭 梢

（三）盛果期树修剪

1. 盛果期树生长特点 脐橙树进入盛果期后，树冠各部位普遍开花结果，其树势逐渐转弱，较少抽生夏、秋梢，结果母枝转为以春梢为主。树冠不可能继续迅速扩大，生长与结果处于相对平衡状态。经过大量结果后，发枝力减弱，加上枝梢密集生长，加速枝条的衰退，内膛枝因光照弱而成枯枝，由立体结果渐成为平面结果，枝组也逐渐衰退，产量也随之下降，易形成大小年结果现象。

2. 盛果期树修剪方法

（1）春季修剪

①强树 这类树发枝力强，树冠郁闭，生长旺盛，修剪不当，易造成树冠上强下弱、外密内空的结果。对这类强树要采取疏短结合，适当疏剪外围密枝和短截部分内膛枝条，培养内膛结果枝组。具体做法是：

疏除树冠内 1～2 个大侧枝：对郁闭树，根据树冠大小，疏除中间或左右两侧 1～2 个大侧枝，实施"开天窗"，既控制旺长，又改善冠内光照条件，从而充分发挥树冠各部位枝条的结果能力。

疏除冠外密弱枝：对树冠外围一个枝头的密集枝，要按"三去一,五去二"的原则疏除；对侧枝上密集的小枝，要按 10～15

厘米的枝间距离，去弱留强，间密留稀，改善树体光照条件，发挥树冠各部位枝条的结果能力。

适当短截冠外部分强枝：对树冠外围强壮的枝梢进行短截，促使分枝，形成结果枝组。同时，通过短截强壮枝梢，改善树冠内膛光照条件，培养内膛枝，使上下里外立体结果。

回缩徒长枝：脐橙结果树常见徒长枝长达 40 厘米左右，扰乱树冠，消耗养分。对于徒长枝，可按着生位置不同进行修剪：如果徒长枝长在大枝上，没有利用空间，无保留必要，则从基部及早疏除；对于徒长枝长在树冠空缺，位置恰当、有利用价值的，在 20 厘米处进行短截，促发新梢，通过回缩修剪，促使分枝，形成侧枝，填补空位，形成冠内结果枝组，培养紧凑树冠；对于长在末级枝上的徒长枝，一般不宜疏剪，可在停止生长前进行摘心，培养成结果枝组。

②中庸树　这类树生长势中庸，弱枝、强枝均较少，容易形成花芽，花量和结果量较多。对这种树要适当短截上部枝和衰弱枝，对于下垂枝，因具有较强的结果能力，回缩下垂枝，可在健壮处剪去先端下垂衰弱的部分，抬高枝梢位置。同时，对结果后的枝组，及时进行更新，培养树冠内外结果枝组，保持树势生长中庸，年年培养一定数量的结果母枝，保持翌年结果，防止树势衰退。

③弱树　这类树衰弱枝多，发枝力弱，其特征是春梢分枝多而短，枝条纤细，常因树势减弱，外围产生丛状枝叶细小的衰弱枝群，只有将这些衰弱枝群短截留下 10 厘米左右的枝桩，才能促发壮梢，这类丛状枝若呈现扫把枝序，则要在枝粗 1～2 厘米分枝处锯掉，形成通风透光大、具"开天窗"的树冠，保持立体结果；如果这类树任其生长，就会出现叶片逐渐变小、变薄，树势衰退；着果率较低，只能在强壮枝条上稳果，往往形成"一树花半树果"，产量下降。对这种树要采取适度重剪，疏短结合，更新树冠。一般疏删内膛部分密集衰退枝，疏除下垂枝，回缩外围衰弱枝，促发枝梢，更新枝组。培养冠内壮枝，复壮树势。

（2）夏季修剪

①强　树

春梢摘心：在3～4月份，对旺长春梢进行摘心处理，削弱生长势，缓和梢果争夺养分的矛盾，提高坐果率。

抹除夏梢：在5月下旬至7月上旬，及时抹除夏梢，每隔3～5天抹1次，防止夏梢大量萌发，冲落果实，有利于保果。

疏剪郁闭枝：对于郁闭树，树冠比较郁闭，可在7月中下旬疏剪密集部位的1～2个小侧枝，实施开"小天窗"，改善树冠光照条件，培养树冠内膛结果枝组，防止树体早衰，延长盛果期年限。

控梢促花：在9～10月份，对长壮枝梢进行扭枝处理。其方法是：在枝梢长到30厘米左右尚未木质化时，从长壮枝梢基部以上5～10厘米处，把枝梢扭向生长相反的方向，即从基部扭转180°下垂，并掖在下半侧的枝腋间，可控制枝梢旺长，促使花芽分化（图5-14）。

②中　庸　树

夏梢摘心：在5～7月份，抽生的夏梢留20～25厘米长，进行摘心，促发分枝，形成结果枝组。

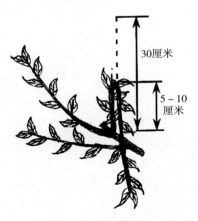

图5-14　扭梢促花

疏剪密弱枝，改善树体光照：对于树冠内的密生枝、衰弱枝、病虫枝和枯枝，一律从基部剪除，改善树体光照条件，复壮内膛结果枝组，提高结果能力。

适当疏果：对结果多的树，按 25～30：1 的叶果比，进行疏果，维持合适的载果量，防止结果过多影响树体营养生长，保持树体生长与结果平衡，防止树势衰退。

促发秋梢：在 6 月底至 7 月初，重施壮果促梢肥；在 7 月中下旬，对树冠外围的斜生粗壮春梢及落花落果枝，保留 3～4 个有效芽，进行短截，促发健壮秋梢，作为翌年优良的结果母枝。

③弱树　在 3～4 月份，按"三去一，五去二"的原则，抹去部分春梢；5～6 月份抹去部分夏梢，节约养分，尽量保留幼果，提高坐果率；7 月上中旬夏季修剪时，要短截交叉枝、落花落果枝、回缩衰弱枝，使剪口下抽发壮梢，以更新树冠；对树冠内徒长枝，留 25 厘米左右进行短截，促使分枝，复壮树势。

（四）衰老树修剪

1. 衰老树生长特点　脐橙经过一段时期高产后，随着树龄的不断增大，树势逐渐衰退，树体开始向心生长，由盛果期进入衰老期。进入衰老期的脐橙树，树体营养生长减弱，抽梢与开花结果能力下降，树冠各部大枝组均变成衰弱枝组，内膛出现枯枝、光秃，衰老枝序增多，果小质差，产量减少。因脐橙枝干上有大量隐芽，只要通过强剪刺激，剪口下的隐芽就会萌发而成更新树冠的枝条。根据树体的衰老程度，衰老树分为严重衰老树、轻度衰老树和局部衰老树 3 种。

2. 衰老树修剪方法　根据树冠衰老程度的不同，衰老树更新修剪分为轮换更新、露骨更新和主枝更新 3 种。

（1）**轮换更新**　轮换更新又称局部更新或枝组更新（图5-15），是一种较轻的更新。比如，全树树体部分枝群衰退，尚有部分枝群有结果能力，对衰退 2～3 年的侧枝进行短截，促发强壮新梢，可在2～3年内有计划地轮换更新衰老的3～4年生侧枝，并删除多余的基枝、侧枝和副主枝，即可更新全部树冠，注意保留强壮的枝组和中庸枝组，特别是有叶枝要尽量保留。脐橙树在轮换更新期间，尚有一定产量。经过2～3年完成更新后，它的产量比更新前要高，但树冠有所缩小。再经过数年后，它可以恢复到原来的树冠大小。因此，衰老树采用这种方法处理效果好。

剪口

图5-15　轮换更新示意图

（2）**露骨更新**　露骨更新又称中度更新或骨干枝更新（图5-16），用于那些不能结果的老树或很少结果的衰弱树，适用于轻度衰老树，属于发梢力差、结果很少的衰老树及密植郁闭植株。进行这种更新，在树冠外围将枝条在粗度为2～3厘米以下处短截，主要是删除多余的基枝，或将2～3年生侧枝、重叠枝、副主枝或3～5年生枝组全部剪除，骨干枝基部保留，注意保留树冠中下部有叶片的枝条。露骨更新后，如果加强管理，当年便能恢复树冠，第二年即能获得一定的产量。更新时间，最好安排在每年新梢萌芽前，通常以在 3～6 月份进行为好。在高温干旱的脐橙产区，可在 1～2 月份春芽萌发前进行露骨更新。

图 5-16　露骨更新示意图

（3）**主枝更新**　主枝更新又称重度更新（图 5-17），是更新中最重的一种。树势严重衰退的老树，在离主枝基部 70～100 厘米处锯断，将骨干枝强度短截，使之重新抽生新梢，形成新树冠，同时进行适当范围的深耕、施肥，更新根群。老树回缩后，要经过 2～3 年才能恢复树冠，重新结果。一般在春梢萌芽前进行主枝更新。实施时，剪口要平整光滑，并涂蜡保护伤口。树干用稻草包扎或用生石灰 15～20 千克、食盐 0.25 千克、石硫合剂渣液 1 千克加水 50 升，配制刷白剂刷白，防止日灼。新梢萌发后，抹芽 1～2 次后放梢，疏去过密和着生位置不当的枝条，每枝留 2～3 条新梢。对长梢应摘心，以促使它增粗生长，把它重新培育成树冠骨架。第二年或第三年后，它即可恢复结果。

图 5-17 主枝更新示意图

（4）衰老树更新修剪注意事项 老树更新后树冠的管理工作是更新成功的关键。其树冠管理应注意以下几点：

第一，加强肥水管理。衰老树的更新首先应进行根系更新，在更新前 1 年的 9～10 月份，进行改土扩穴，增施有机肥，并保持适度的肥水供应，促进树体生长。要进行树盘覆盖，保持土壤的疏松和湿润。具体方法：将树冠下的表土扒开，检查侧生根群，见烂根即行剪除，然后暴晒 1～2 天，并撒生石灰 1 千克，或淋施 30% 噁霉灵水剂 1 000 倍液，适当施些草木灰，铺上腐熟堆肥后盖土，并覆盖杂草保湿。为促进生根，可淋生根粉液（30 克生根粉加水 2～4 升）等，约 15 天后即发新根，开始恢复树势。在根系更新的基础上再更新树冠。

第二，加强对新梢的抹除、摘心与引缚。脐橙老树被更新修剪后，往往萌发大量的新梢。对萌发的新梢，除需要保留的以外，应及时抹除多余的枝梢。对生长过强或带有徒长性的枝，要进行摘心，使其增粗，将其重新培育成树冠骨架。对作为骨干枝的延长枝，为保持其长势，应用小竹竿引缚，以防折断。

第三，注意防晒。树冠更新后，损失了大量的枝叶，其骨干枝及主干极易发生日灼。因此，对各级骨干枝及树干要涂白，对剪口和锯口要修平，使之光滑，并涂防腐剂。

第四，对老树的更新修剪，应选择在春梢萌芽前进行。一般夏季气温高，枝梢易枯死；秋季气温逐渐下降，枝梢抽发后生长缓慢；冬季气温低，易受冻害，都不宜进行老树更新修剪。

第五，在叶片转绿和花芽分化前，可对叶面喷施 0.3%～0.5% 尿素与 0.2%～0.3% 磷酸二氢钾混合液，每隔 7 天喷 1 次，连喷 2～3 次。也可使用新型高效叶面肥，如叶霸、绿丰素、氨基酸钙和倍力钙等。这些高效叶面肥营养全面，喷后效果良好。

第六，在新梢生长期，要加强病虫害的防治工作，以保证新梢健壮生长。

五、大小年结果树的修剪

脐橙进入盛果期后容易形成大小年结果现象，如不及时矫正，则大小年产量差距幅度会越来越大。为防止和矫治脐橙大小年结果现象，促使其丰产稳产，对大年树的修剪要适当减少花量，增加营养枝的抽生；对小年树则要尽可能保留开花的枝条，以求保花保果，提高产量。

（一）大小年结果树生长特点

脐橙保持连年丰产稳产，保持正常的开花结果，必须建立在一定的树体营养基础上。树体营养生长与生殖生长保持平衡时，就能在当年丰产的同时，抽发出相当数量的营养枝，并使这些营养枝转化为结果母枝，供第二年继续正常开花结果。如果营养生长与生殖生长平衡遭到破坏，当年结果过多的情况下，树体内积累的营养物质大量输入果实，造成养分不足，枝梢生长受到抑制，树体营养物质积累少，影响了花芽分化，第二年势必减少开花而形成小年结果。至第三年，由于第二年是小年结果，枝梢抽生多，树体营养物质积累就多，有利于花芽分化，结果母枝多，势必使第三年大量开花结果而形成大年结果。脐橙抽枝多而密，枝梢细而短，树冠紧凑，比较容易开花结果。如若修剪不合理和肥水管理不当，没有根据抽梢、结果的规律进行科学修剪和科学施肥，就易发生大小年结果现象。

（二）大小年结果树修剪原则

对大年结果树应控果促梢，减少花量，增加营养枝抽生，采取大肥大剪，适量疏花疏果；对小年结果树应保果控梢，尽量保留结果的枝梢，采取小肥小剪，结合保花保果措施进行。通过修剪和施肥，保持树体营养生长和生殖生长的平衡，保持树体结果适量，并抽出数量适当的枝梢，形成良好的结果母枝，达到连年丰产稳产。

（三）大小年结果树修剪方法

1. 大年结果树修剪

（1）**春季修剪** 大年结果树的春季修剪主要是适当减少花量，促生春梢。所以，提倡重剪，以疏剪为主、短截为辅。其修剪方法有：

①疏剪 按去弱留强、删密留疏的原则，疏剪密生枝、并生枝、丛生枝、荫蔽枝、病虫枝和交叉枝，使着生在侧枝上的内膛枝每隔10～15厘米保留1枝。同一基枝上并生2～3枝结果母枝，疏剪最弱的1枝。同时，疏除树冠上部和中部郁闭大枝1～2个，实施"开天窗"，使光照进入树冠内膛，改善树体通风透光条件。

②短截 短截过长的夏、秋梢母枝。因大年树能形成花芽的母枝过多，可疏除1/3弱母枝，短截1/3强母枝，保留1/3中庸母枝，以减少花量，促发营养生长。

③回缩　回缩衰弱枝组和落花落果枝组，留剪口更新枝。

（2）夏季修剪

①疏花　4月下旬开花时，摘去发育不良和受病虫危害的畸形花。

②疏果　在7月上中旬第二次生理落果结束后，按25～30：1的叶果比进行疏果，控制过多挂果。

③剪枝　即在7月中旬左右，对树冠外围枝条进行适度重剪，短截部分结果枝组和落花落果枝组，促发秋梢，增加小年结果母枝。一般在放秋梢前20天，对落花落果枝、叶细枝短弱的衰退枝组，在0.6厘米粗壮枝短截，留下10厘米长的枝桩，促使抽生2～3条标准秋梢，剪除徒长枝和病虫枝，回缩衰弱枝和交叉枝，每树剪口在50～60个以上，有足够数量枝梢成为翌年结果母枝。

④扭枝　在9～10月份秋梢停止生长后，对长、壮夏、秋梢进行扭枝和大枝环割，促进花芽分化。目的是增加翌年花量，提高花质，克服大小年结果。

（3）冬季修剪　冬剪以疏剪为主、短截为辅，对枯枝、病虫枝、过密阴生枝进行疏剪，对细弱、无叶的光秃枝可多剪除，以减少无效花枝。徒长的枝要短截，留下约10厘米枝桩以抽发营养春梢。

2. 小年结果树修剪

（1）春季修剪　小年结果树的春季修剪主要是尽量保留较多的枝梢，保留当年花量，对夏、秋梢和内膛的弱春梢营养枝，能开花结果的尽量保留；适当抑制春梢营养枝的抽生，避免因梢、果矛盾冲落幼果。原则是提倡轻剪，尽可能保留各种结果母枝。其修剪方法有：

①疏剪　疏剪枯枝、病虫枝、受冻后枯枝、过弱的荫蔽枝。在3月下旬显蕾时，根据花量按"三除一,五除二"原则，去弱留强，疏除丛状枝。

②短截　短截树冠外围的衰弱枝组和结果后的夏、秋梢结果母枝。剪口注意选留饱满芽，以便更新枝群。

③回缩　回缩结果后的果梗枝。

（2）夏季修剪

①控梢　在3月下旬抹去部分春梢；在4月下旬，对还未自剪的春梢强行摘心，防止旺长；在5月下旬至7月上旬，每隔5～7天抹去夏梢1次，以防夏梢旺长冲落幼果。

②环割　在4月末盛花期到5月初谢花期，在主枝或副主枝基部根据树势环割1～2圈。

③剪枝　在7月中旬生理落果结束后进行夏季修剪，对当年落花落果枝、弱春梢和内膛衰退枝等要多短截0.6厘米粗的枝，留10厘米枝桩，促发标准的秋梢。同时，疏去部分未开花结果的衰弱枝组和密集枝梢，短截交叉枝，使树冠通风透光、枝梢健壮，提高产量。

（3）冬季修剪　多保留强壮枝，只剪去枯枝、无叶枝及病虫枝，对树冠的衰退枝要多疏剪，衰老枝要回缩。

第六章

脐橙花果管理

目前栽种的脐橙树均为嫁接树，通常在栽植第二年就能开花结果。管理技术好的脐橙园，栽后翌年即可丰产；管理条件差的脐橙园，却因开花多，落果、裂果严重，坐果率低，品质差，影响果品的商品价值；更有一些脐橙树因树势强，营养生长过旺，常常出现长树不见花或迟迟不开花的现象。因此，应采取有效的促花、保果技术措施，从而达到高产、稳产、优质、高效的栽培目的。

一、促花技术

（一）物理调控

物理调控的主要目的在于抑制脐橙树体的营养生长，促使树体由营养生长向生殖生长转化。其主要措施有断根、刻伤和制水。

1. 断根　脐橙是多年生常绿果树，在深厚的土层中，根系发达。通过断根处理，就可以降低根系的吸收能力，减少树体对土壤中的水分、矿质营养的吸收量，从而达到抑制树体的营养生长，促花效果明显。具体方法：对于生长势旺盛的脐橙树，在9～12月份，沿树冠滴水线下挖宽50厘米、深30～40厘米、长随树冠大小而定的小沟，至露出树根为止，露根时间为1个月左右（图6-1），露根结束后即行覆土。对水田、平地根系较浅的果园，幼年结果树，可在树冠滴水线二侧犁或深锄25～30厘米断根并晒根，至中午秋叶微卷、叶色稍褪绿时覆土，或在树冠四周全园深耕20厘米。成年结果树若树上不留果，则在采果后全园浅锄10厘米左右，锄断表面吸收根，达到控水的目的。应注意的是，断根促花的措施只适合于冬暖、无冻害或少冻害的地区采用，其他产区不宜采用。

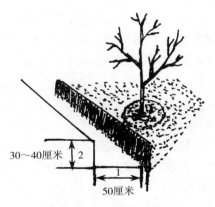

30～40厘米

50厘米

图6-1 开沟断根示意图

1.沟宽50厘米 2.沟深30～40厘米

2. 刻伤 脐橙通过叶片的光合作用制造大量的有机营养物质，供根系生长所需。通过树体刻伤处理，使韧皮部筛管的输送功能受阻，就可以减少有机营养物质向根系的输送。一方面，根系生长需要的有机营养物质减少，抑制了根系生长，使根系吸收的矿质营养、水分和产生的促进生长激素减少，达到控制树体营养生长的目的，减少树体营养消耗；另一方面，增加了有机营养物质在树体内的积累，提高了细胞液的浓度，有利于树体成花。刻伤的方法主要有：环割、环剥、环扎、扭枝等。

（1）环割 用利刀，如电工刀，对主干或主枝的韧皮部（树皮）进行环割一圈或数圈，切断皮层（图6-2）。经环割后，因只割断韧皮部，不伤木质部，阻止有机营养物质向下转移，使光合产物积累在环割部位上部的枝叶中，改变环割口上部枝叶养分和激素平衡，促进花芽分化。环割适用于幼龄旺长树或难成花壮旺树，而对老、弱植株采用环割进行控梢促花的话，往往会因控制过度出现黄叶、不正常落叶，或树势衰退。具体方法是：脐橙树可于12月中旬进行，即幼年结果树可环割主干；青年结果树可环割主分枝一圈，环割深度以刀割断韧皮部不伤木质部为度，割后7～10天即见秋梢叶片褪绿，成花就有希望。若至翌年1月中旬仍不褪绿的植株，可再割1次。环割是强烈的促花方法，若割后出现叶片黄化，可喷施叶面肥2～3次，宜选择能被植物快速吸收和利用的叶面肥，如康宝腐殖酸液肥、农人液肥、氨基酸钙、倍力钙等，如果在喷叶面肥中加入0.04毫克/千克芸薹素内酯溶液，增强根系活力，效果更好。若出现落叶时，要及时淋水，春季提早浇水施肥，壮梢壮花。环割后不能喷石硫合剂、松脂合剂等刺激性强的农药。喷施10～20毫克/千克2,4-D＋0.3%磷酸二氢钾或核苷酸混合液，可大大减少不正常的落叶。

切断皮层

图6-2　环　割

（2）**环剥**　对强旺树的主枝或侧枝，选择其光滑的部位，用利刀进行环剥一圈（0.5～1厘米）或数圈（图6-3）。通常在9月下旬至10月上旬进行，环剥宽度一般为被剥枝粗度的1/10～1/7，剥后及时用塑料薄膜包扎好环剥口，以保持伤口清洁和促进愈合。经环剥后，阻止了有机营养物质向下转移，使营养物质积累在树体中，提高了树体的营养水平，有利于花芽分化。

0.5厘米

图6-3 环 剥

（3）环扎 对生长强旺的树，还可采用环扎（图6-4）。即用14～16号铁丝对强旺树的主枝或侧枝选较圆滑的部位结扎一圈，扎的深度使铁丝嵌入皮层1/2～2/3，不伤木质部，幼年结果树可扎主干，树干粗大的植株，则可扎粗3～4厘米的枝干，经过40～45天时，叶片由浓绿转为微黄时拆除铁丝。经环扎后，阻碍了有机营养物质的输送，增加了环扎口上枝条的营养积累，有利于枝条的花芽分化。

图6-4 环 扎

环割（环剥）注意事项：①在主干上环割时，环割应在离地面25厘米以上的部位进行，以免环割伤口过低，容易感染病害。在主枝上的环割，要在便于操作的位置上进行，以免因操作不顺畅，影响环割质量。②环割所用的刀具应用25%酒精或5.25%次氯酸钠（漂白粉）10倍液进行消毒，以免传播病害。③环割后，需要加强肥水管理，以保持树势健壮。④环割后约10天可见树体枝条褪绿，视为有效。⑤环割宜选择晴天进行，如环割后阴雨连绵，要用杀菌剂涂抹伤口，对伤口加以保护。⑥环割是强烈的刻伤方法，若处理后出现落叶，要及时淋水喷水。⑦环割作为促花的辅助措施，不能连年使用，以防树势衰退。

（4）扭枝和弯枝　幼龄脐橙树容易抽生直立强枝、竞争枝，初结果树易出现较直立的徒长枝，要促使这类枝梢开花结果，除进行环割（环剥）外，还可采用扭枝或弯枝的措施进行处理。扭枝，是秋梢老熟后，在强枝颈部用手扭转180°（图6-5）。弯枝，用绳索或塑料薄膜带将直立枝拉弯，待叶色褪至淡绿色即可解缚（图6-6）。扭枝和弯枝能损伤强枝输导组织，起到缓和生长势、

图6-5　扭　枝

图6-6　弯　枝

促进花芽分化的作用。具体方法是：对长度超过30厘米以上的秋梢或徒长性直立秋梢，在枝梢自剪后老熟前，采用扭枝（弯枝）处理，削弱长势，增加枝梢内养分积累，促使花芽形成。待

处理枝定势半木质化后，即可松绑扶。

3. 水分胁迫　脐橙生长所需要的水分和无机营养物质主要是通过根系从土壤中吸收的；而根系生长所需要的有机营养物质主要是靠地上部分叶片光合作用所提供。水对于矿物质的溶解与吸收、有机物的合成和分解等，均起到重要作用。因此，水分参与脐橙的整个生长与发育全过程。水分胁迫时，一方面造成脐橙吸水量减少，从土壤中吸收的无机养分也下降，直接影响到树体的代谢过程，尤其是当茎部氮素和磷素含量显著降低时，蛋白质合成受到影响，影响了细胞分裂，阻碍了新器官的分生和生长；另一方面叶片气孔关闭，降低了二氧化碳的吸收量，叶绿素含量下降，叶片的光合作用及碳水化合物代谢也受到影响。树体在适度的水分胁迫时，抑制了营养生长，积累了更多的有机营养，增加了氨基酸的含量，有利于花芽分化。但水分胁迫过重，树体严重缺水时，会造成树体内许多生理代谢受到严重破坏，形成不可逆的伤害。这就是生产中，树体在严重缺水时出现枯萎死亡的原因。

脐橙生长发育所需的水分主要靠根系吸收，树体对土壤中水分的吸收能力，除了与其根系生长发育有关外，还与土壤的含水量、土壤通气性有关。土壤过于干燥、含水量少会制约根系的吸水能力；反之，土壤过湿，造成土壤通气不良，使根系生长受到抑制，而影响其吸收能力。水分胁迫主要是通过降低土壤含水量的方法，即用水来制约根系的吸水能力，达到控制营养生长的目的，由于脐橙体内含水量减少，细胞液浓度提高，可以促进脐橙花芽分化。

（二）化学调控

脐橙的花芽分化与树体内激素的调控作用关系密切。在花芽生理分化阶段，树体内较高浓度的赤霉素对花芽分化有明显的抑制作用，而低浓度的赤霉素则有利于花芽分化。生产中使用多效唑（PP_{333}）促进脐橙花芽分化，是通过抑制体内赤霉素的生物合成，有效地降低了树体内的赤霉素和生长素的浓度，提高了树体内细胞分裂素和脱落酸的含量，抑制了树体的营养生长，积累了较多的营养物质，有利于花芽分化。具体方法是：生长势强旺的脐橙树，在秋梢老熟后11月中旬左右，树冠喷施15%多效唑可湿性粉剂300倍液，即500毫克/千克，每隔25天喷1次，连续喷施2～3次。也可进行土壤浇施，用15%多效唑可湿性粉剂按树冠投影面积每平方米2克，兑水浇施树盘中。这是一种安全有效的促花方法，树上留果保鲜果园采用这一措施最为方便，且安全有效。土施多效唑持效性长，可2～3年施1次。

（三）栽培技术调控

脐橙花芽形成，是由叶芽向花芽转化的过程，花芽分化时间在冬季脐橙果实开始转黄期间进行，也就是11月中下旬开始。在此前落叶的植株无花，在此后落叶的植株有花。若在这一时期短截秋梢等末级枝，翌年就无花，故秋梢在果实转黄期后千万别去随意短截。花芽形成最多是在春芽萌动前数周，结束时间在春芽萌动的2月上中旬。脐橙树花芽分化的好坏与栽培技术管理密切相关。一些管理技术好的脐橙园，花芽分化好，表现为丰产稳产；而一些管理条件差的脐橙园，已到投产期的脐橙树却因树势差，不开花或开花少；有些脐橙园，却因树势强，营养生长过旺，只见长树不见花或少花，究其原因，都与栽培技术管理不当有着直接的关系。施肥是影响脐橙花芽分化的重要因素。对于这种树势旺花量少或成花难的脐橙树，应控制氮肥的用量，增加磷、钾肥的比例，做到科学施肥。脐橙花芽分化需要氮、磷、钾及微量元素，而过量的氮素又会抑制花芽的形成。尤其是肥水充足的脐橙园，大量施用尿素等氮肥会使树体生长过旺，从而使花芽分化受阻。而多施磷肥可促使脐橙幼树提早开花。在脐橙的花芽生理分化期，叶面喷施磷、钾肥（磷酸二氢钾）可促使花芽分化，增加花量，这对旺树尤为有效。生产上要求认真施好采果肥，这不仅影响到翌年脐橙花的数量和质量，也影响翌年春梢的数量和质量，同时对恢复树势、积累养分、防止落叶、增强树体抗寒越冬能力具有积极的作用。脐橙花芽生理分化一般在 8～10 月份开始，此时补充树体营养有利花芽分化的顺利进行。采果肥秋施要好，每株可施三元复合肥 0.25 千克、尿素 0.25 千克，也可用 0.3%～0.5% 尿素＋0.3% 磷酸二氢钾或新型叶面肥——叶霸、绿丰素（高氮）、农人液肥、氨基酸钙、倍力钙等，叶面喷施 2～3 次，隔 7～10 天喷 1 次。

二、保果技术

（一）生理落果现象

脐橙花量大，落花落果严重，正常的落花落果是树体自身对生殖生长与营养生长的调节，对保持树势起着很重要的作用。脐橙虽然开花多，但结果不多，大量花果都要脱落，通常坐果率在 1%～2%，低的在 1% 以下，大量的落花落果直接影响坐果率，影响产量和树势，故要采取措施，减少前期落果，提高坐果率。脐橙落花落果从花蕾期便开始，一直延续至采收前。根据花果脱落时的发育程度，脐橙整个落花落果期可分为 4 个主要阶段，即落蕾落花期、第一次生理落果期、第二次生理落果期和采前落果。

脐橙落蕾落花期从花蕾期开始，一直延续到谢花期，持续 15 天左右。通常在盛花期后 2～4 天进入落蕾落花期，江西赣南为 3 月底至 4 月初，盛花期后 1 周为落蕾落花高峰期。谢花后 10～15 天，往往子房不膨大或膨大后就变黄脱落，出现第一次落果高峰，即在果柄的基部断离，幼果带果柄落下，亦称第一次生理落果，持续 1 个月左右。在江西赣南，出现在 5 月上中旬。第一次生理落果结束后 10～20 天，又在子房和蜜盘连接处断离，幼果不带果柄脱落，出现第二次落果高峰，亦称第二次生理落果，使人产生无望的情景，一直延续至 6 月底结束。江西赣南出现在 5 月下旬，6 月底第二次生理落果结束。第一次落果比第二次严重，一般脐橙第一次生理落果比第二次生理落果多 10 倍。通常情况下，坐果率也只有 2%～3%。

脐橙生理落果结束后，在果实成熟前还会出现一次自然落果高峰，称采前落果，通常在 8～9 月间产生裂果，自然裂果率达 10%，如遇久旱降雨或雨水过多或施磷过多，裂果率还会增加，即脐橙因裂果引起的落果高达 20%。因此，裂果造成的减产仍不可忽视。

（二）落果原因

1. 内在因素　引起脐橙落花落果的内在因素是脐橙本身的特性所决定的。第一是没有受精。脐橙因花粉和胚囊败育，自身没有受精过程，未受精的子房容易脱落。第二是胚和胚乳不能正常发育，胚珠退化，这是脐橙第一次生理落果的主要原因。树体有机营养的储存量及后续有机营养生产供应能力是果实发育的制约因素。激素状态可影响幼果调运营养物质的能力，进而影响幼果的发育。

（1）树体营养欠缺　树体营养是影响脐橙坐果的主要因素。脐橙形成花芽时，营养跟不上，花芽分化质量差，不完全花比例增大，常在现蕾和开花过程中大量脱落。有相当一部分为小型花、退化花和畸形花，均是发育不良的花，容易脱落。据观察：营养状况好的脐橙树，营养枝和有叶花枝多，坐果率较高；而营养不良的衰弱树，营养枝和有叶花枝均少，坐果率在 0.5% 以下，甚至坐不住果。

脐橙大量开花和落花，消耗了树体储藏的大量养分，到生理落花落果期，树体中的营养已降到全年的最低水平，而这时正是新叶逐渐转绿，不能输出大量的光合产物给幼果，使幼果养分不足而脱落。尤其在春梢、夏梢大量抽发时，养分竞争更趋激烈而加重了落果。

在幼果发育初期，低温阴雨天气多，光照严重不足，光合作用差，呼吸消耗有机营养多，幼果发育营养不足，造成大量落果，极易产生花后不见果的现象。

（2）**内源激素不足**　脐橙经授粉受精后，胚珠发育成种子，子房能得到由种子分泌的生长素发育成果实。由于生长素的缘故，受精的花、果不易脱落，坐果率高，种子亦增多；种子少，或种子发育不健全的果实容易落果。脐橙果实多数有籽，每瓣有1～3粒种子。脐橙能单性结实，形成无核脐橙。无核脐橙因果实无核，或仅有极少种子，或种子发育不健全，幼果中往往缺少生长素，内源激素满足不了幼果生长的需要，这是造成落果多、坐果率低的主要原因。当果实中生长素含量减少时就发生落果，而赤霉素含量增高有利于坐果，主要是高浓度的赤霉素含量增强了果实调运营养物质的能力。因此，应用植物生长调节剂来影响体内激素，可防止落果和增大果实。但生产实践中，以有机营养为主、植物生长调节剂为辅的保果途径，才会收到良好的保果效果。

2. 外界条件

（1）**气候条件不佳**　开花前后的气温对脐橙坐果率影响很大。春季，连续低温阴雨天气，光照严重不足，光合作用差，合成的有机物质少，花器和幼果生长发育缺少必要的有机营养，畸形花多，造成大量落花落果；开花坐果期低温阴雨，影响昆虫活动，不利于传粉，雄性花粉活力差，雌性花柱头黏液被雨水淋失，授粉受精不良，造成落花落果；夏季的干热风，极易引起落花落果。4月底5月初，气温骤然上升，高达30℃以上，使花期缩短，子房发育质量差，内源激素得不到充分的积累，使第一次生理落果更加严重。6月份异常高温频繁出现，并伴随有干热风，有时气温高达35℃以上，光合强度明显下降，有机营养物质积累少，高温干热风易破坏树体内的各种代谢活动，产生生理干旱，引发水分胁迫。水分胁迫时，树体内的生长素含量下降，脱落酸和乙烯含量升高，促使离层的产生，加剧第二次生理落果。

空气湿度，尤其是脐橙开花和幼果期的空气湿度，对坐果影响很大，一般空气相对湿度为65%～75%，脐橙坐果率较高。

在幼果发育初期，幼果营养不足，造成大量落果。

（2）栽培技术措施不当 栽培技术管理好的脐橙园，树势强，功能叶片多，叶色浓绿，有叶花枝多，落花落果少，坐果率高，表现为丰产；而一些管理条件差的脐橙园，已到投产期的脐橙树却因树势弱，叶色差，有机营养不足，是导致落果的主要因素。

土壤施肥，是补充树体无机营养的主要途径。树体缺肥，叶色差，叶片进行光合作用形成的有机产物少，树体营养不足，坐果率低；而施肥足的脐橙树，叶色浓绿，花芽分化好，芽体饱满，落花落果少，坐果率高。氮肥施用过量，肥水过足，常常引起枝梢旺长，会加重落花落果，故芽前肥的施用应根据树势来定，若树势旺、结果少，可少施或不施；树势中庸、花量多的树，2月上旬每株可施尿素0.25～0.5千克或三元复合肥0.5千克。夏梢萌发前（5～7月份）要避免施肥，尤其是氮肥的施用，会促发大量夏梢，而加重生理落果。脐橙是忌氯果树，不能施氯肥，否则，氯中毒会导致落果。在促秋梢肥中，营养元素搭配不合理，氮素过多，遇上暖冬或冬季雨水多时，则会抽发大量冬梢，消耗树体过多养分，树体营养不足，引起落花落果。

生产上应避免使用伤叶严重的杀虫剂，如甲基对硫磷、水胺硫磷、杀虫脒等。农药施用过程中应严格掌握使用浓度、天气情况等，要避免药害的发生，防止伤叶伤果，造成大量落果。

（3）病虫及天灾危害 在花蕾期直至果实发育成熟，不少病虫害会导致落花落果。例如，生产上看到的灯笼花，就是花蕾蛆危害而引起的落花；金龟子、象鼻虫等危害的果实，轻者幼果尚能发育成长，但成熟后果面出现伤疤，严重的引起落果；而介壳虫、锈壁虱等危害的果实，果面失去光亮，果实变酸，直接影响果实品质和外观。此外，红蜘蛛、卷叶虫、椿象、吸果夜蛾以及溃疡病、炭疽病等直接或间接吮吸树液，啮食绿叶，危害果实，都能引起严重落果。

台风暴雨、冰雹等袭击果实，落果更加严重。

（三）保果措施

1. 增加树体营养保果

（1）加强栽培管理，增强树势 加强栽培技术管理，增强树势，提高光合效能，积累营养是保果的根本。凡树势强健或中庸，枝梢粗壮充实，长度适中，叶片厚，叶色浓绿，根系发达，坐果率高，表现为丰产优质。要达到强健的树势，必须深翻扩穴，增施有机肥，改良土壤结构，为脐橙根系生长创造良好的生长环境。重施壮果促梢肥，可株施饼肥 2.5～4 千克、三元复合肥 0.5～1 千克，配合磷、钾肥，促发多量强壮的秋梢，作为翌年良好的结果母枝，是提高坐果率、克服大小年结果的有效措施。为防止夏梢大量萌发，在 5 月份要停止施氮肥，尤其是不能施含氮量高的速效肥，如尿素、鸡粪等，对于树势较弱、挂果多的树，已在谢花时进行适量施肥，夏季只要进行叶面施肥就可以了。此外，加强病虫害的防治，尤其是要做好急性炭疽病的防治工作，防止异常落叶，对提高树体营养积累，促进花芽分化，增强树体的抗性，极为重要。入冬后，还要做好树体的防冻工作，在低温来临前，及时采取防冻措施，保护叶片安全越冬。

（2）喷施营养液 营养元素与坐果有密切的关系，如氮、磷、钾、镁、锌等元素对脐橙坐果率提高有促进作用，尤其是对树势衰弱和表现缺元素的植株效果更好。脐橙开花期消耗了大量树体营养，谢花期营养含量降至全年最低点，此时急需要补充营养。在现蕾前 15 天施以氮肥为主的促花肥，生产中可用 0.3%～0.5% 尿素 ＋ 0.2%～0.3% 磷酸二氢钾混合液，或用 0.1%～0.2%

硼砂 +0.3% 尿素，在开花坐果期进行叶面喷施 1～2 次，有助于花器发育和受精完成。也可在盛花期施以三元复合肥为主的谢花肥，供幼果转绿必需的营养元素镁、锌、硼、磷及钾等，叶面喷施液体肥料，如农人液肥，施用浓度为 800～1 000 倍液，补充树体营养，保果效果显著。此外，使用新型高效叶面肥，如叶霸、绿丰素（高氮）、氨基酸钙、倍力钙等，进行叶面喷施 2～3 次，隔 7～10 天喷 1 次，营养全面，也具有良好的保果效果。

2. 修剪保果

（1）抹除部分春梢营养枝，改善树体通风透光条件　幼年结果树、青壮年树疏除过旺的春梢，在梢自剪前按"三去一""五去二"的原则疏去部分新梢。同时，对春梢长至为 15 厘米时，采取摘心处理。成年脐橙结果树发枝力强，易造成枝叶密闭，对花量过大的植株，应采取以疏为主、疏缩结合的方法打开光路，改善树体光照条件。春季在花蕾现白时，进行疏剪，剪除部分密集细弱短小的花枝和花枝上部的春梢营养枝，除去无叶花序花，以减少花量，节约养分，有利于稳果，提高坐果率。

（2）抹除夏梢　在脐橙第二次生理落果期控制氮肥施用，避免大量抽发夏梢。夏梢抽发期（5～7 月份）每隔 3～5 天及时抹除夏梢，也可在夏梢萌发长 3～5 厘米时，喷施"杀梢素"，每包加水 15 升，充分搅拌后喷于嫩梢叶片上，或喷施 500～800 毫克/千克的多效唑，控制夏梢，避免与幼果争夺养分、水分而引起落果。

（3）培养健壮秋梢结果母枝　脐橙春梢、夏梢、秋梢一次梢，春夏梢、春秋梢和夏秋梢二次梢，强壮的春、夏、秋三次梢，都可成为结果母枝。但幼龄树以秋梢作为主要结果母枝。随着树龄增长，春梢母枝结果的比例逐渐增长，进入盛果期后，则以春梢母枝为主。因此，加强土肥水管理，重视夏季修剪工作，培育健壮优质的秋梢结果母枝，是提高成年结果树产量的有效措施之一。在放梢前 15 天左右进行夏剪，对无结果的衰弱枝群采用短截修剪，促剪口潜伏芽萌发。剪口粗 0.5 厘米左右，短截时留下约 10 厘米（通常 3～4 片叶）枝桩。单株剪口数量，若是 5 年生的树，挂果 40 千克，剪口数可达 80 个左右。通常，每个剪口可抽生 3 条左右长 20 厘米的健壮秋梢，如果 1 条基梢超过 3 条秋梢的要疏梢。夏剪前重施壮果促梢肥。秋梢肥占全年总肥量 40% 左右，分 3 次施用：一是梢前 30～45 天施 1 次有机肥（饼肥 2.5～4 千克 / 株）。二是为确保秋梢抽发整齐健壮，放梢前 15 天施速效氮肥，即在施完壮果攻秋梢肥的基础上，结合抗旱浇施 1 次速效水肥。1～3 年生幼树可每株浇施 0.05～0.1 千克尿素 + 0.1～0.15 千克复三元复合肥或 10%～20% 枯饼浸出液 5～10 千克 +0.05～0.1 千克尿素；4～5 年生初结果树开浅沟（见须根即可）株施 0.1～0.2 千克尿素 + 0.2～0.3 千克三元复合肥，肥土拌匀浇水，及时盖土保墒；6 年生以上成年结果树，株施 0.15～0.25 千克尿素 +0.25～0.5 千克三元复合肥，有条件的果园可每株浇 10～15 千克腐熟稀粪水或枯饼浸出液。三是在吐梢齐至自剪时施壮梢肥，以后每 3～4 天抹 1 次，连续抹芽 2～3 次，待 7 月底至 8 月初统一放秋梢。具体放梢时间的确定，各地应根据具体情况灵活掌握，但原则是所放秋梢要能充分老熟。另外，在梢转绿期进行根外追肥，干旱时要适当浇水，促梢转绿充实。放梢后还应注意做好病虫害防治，主要防治潜叶蛾、红蜘蛛、溃疡病、炭疽病等，防治时做到"防病治虫、一梢两药"。具体防治措施为：第一次喷药时间是秋梢萌芽长 1 厘米时，喷好 1 次杀虫药（潜叶蛾、蚜虫）+ 杀菌药（以防炭疽病为主）+ 杀螨药（有红蜘蛛的果园）；第二次喷药时结合叶面施肥待秋梢刚展叶转绿时（即隔第一次喷药时间 10 天左右），喷好 1 次杀虫药（潜叶蛾）+ 杀菌药（以防溃疡病为主）+ 杀螨药（有红蜘蛛的果园）+ 叶面有机营养液（促进秋梢老熟），保证秋梢抽发整齐、健壮。培养大量健壮优质的秋梢结果母枝，是脐橙结果园丰产稳产、减少或克服大小年结果的关键措施之一。生产上常见的树势衰弱，秋梢数量少而质量差，或冬季落叶多，花质差，不完全花比例增多，花果发育不良，是造成大量落果、产量低的主要原因。

3. 施用植物生长调节剂保果　目前，用于脐橙保花保果的植物生长调节剂较多，主要有天然芸薹素（油菜素内酯）、赤霉素（GA_3）、细胞分裂素（BA）及新型增效液化剂（$BA+GA_3$）等。

（1）天然芸薹素

①性状与作用　天然芸薹素是美国学者米切尔（J.W.Mitchell）1970 年首先在植物花粉中发现的，它是继生长素类、赤霉素类、细胞分裂素类、脱落酸、内源乙烯 5 大类激素之后的最新一类（第六类）植物内源激素，也是国际上公认为活性最高的高效、广谱、无毒植物生长调节剂。它普遍存在于植物体中（花、果实、种子和茎叶），但以花粉中含量最高。

天然芸薹素剂型有 0.15% 乳油、0.2% 可溶性粉剂。

油剂型（0.15% 天然芸薹素乳油）需先用少许（200 克左右）温水搅匀至油状物全部溶解于水后，再加水稀释至所需的浓度方可施用；0.2% 可溶性粉剂可直接加水稀释至所需的浓度进行喷施。

②使用方法　脐橙谢花 2/3 或幼果 0.4～0.6 厘米大小时，用0.15% 天然芸薹素乳油 5 000～10 000 倍液叶面喷施，每 667 米^{2}喷液量 20～40 千克，具有良好的保果效果。

③注意事项　一是不能与碱性农药、农肥混用。二是若喷后4 小时内遇雨，应重喷。三是在气温 10℃～30℃时施用效果最佳。

（2）赤　霉　素

①性状与作用　赤霉素在植物体内广泛存在，种类繁多。现在市场上销售的主要是赤霉酸，也就是通常所说的赤霉素类生长调节剂，也称"九二〇"。赤霉素是生产上使用效果较好的保果剂，特别是对无核、少核品种（脐橙）的异常生理落果防治效果明显。

赤霉素剂型有粉剂、水剂和片剂。粉剂水溶性低，用前先用95%酒精1～2毫升溶解，再加水稀释至所需的浓度；水剂和片剂可直接溶于水配制，使用方便。

②使用方法　脐橙谢花2/3时，用50毫克/千克（即1克加水20升）赤霉素溶液喷布花果，2周后再喷1次；5月上旬疏去劣质幼果，用250毫克/千克（1克加水4升）赤霉素溶液涂果1～2次，提高坐果率效果显著。涂果比喷果效果好，若在使用赤霉素的同时加入尿素，保花保果效果更好，即开花前用20毫克/千克赤霉素溶液＋0.5%尿素溶液喷布。

③注意事项　一是本品在干燥状态下不易分解，遇碱易分解，其水溶液在60℃以上易破坏失效。配好的水溶液不宜久藏，即使放入冰箱，也只能保存7天左右。不可与碱性肥料、农药混用。二是气温高时赤霉素作用发生快，但药效维持时间短；气温低时作用慢，药效持续时间长。最好在晴天午后喷布。三是根据目的适时使用，否则不能达到预期的目的，甚至得到相反的效果，且一定要严格掌握使用浓度，过高易引起果实畸形。四是赤霉素不是肥料，不能代替肥料，必须配合充足的肥水。若肥料不足，会导致叶片黄化，树势衰弱。五是赤霉素可与叶面肥料混用，如0.5%尿素液、0.2%过磷酸钙或0.2%磷酸二氢钾溶液，以提高效果，应尽可能将药液喷在果实上。六是使用赤霉素易引起新梢徒长，应慎重。

（3）细胞分裂素

①性状与作用　细胞分裂素也叫细胞激动素，普遍存在于植物体内，主要影响细胞分裂和分化过程。正在发育的子房中存在细胞分裂素，通常认为它由根尖合成，通过木质部运送到地上部分，在生长素存在的条件下，促进细胞的分裂和组织分化，而外用细胞分裂素时，只限于施用部位。它能有效促进脐橙幼果细胞分裂，对防止脐橙第一次生理落果有特效，但防止第二次生理落果的效果比赤霉素差，甚至无效。

细胞分裂素剂型有 0.5% 乳油、1% 和 3% 水剂、99% 原药。

②使用方法　脐橙谢花 2/3 或幼果 0.4～0.6 厘米大小时，用细胞分裂素 200～400 毫克 / 千克（2% 细胞分裂素 10 毫升加水 50～25 升）喷果。

③注意事项　一是不得与其他农药混用。二是喷后 6 小时内遇雨宜重喷。三是烈日和光照太强，对细胞分裂素有破坏作用，因而早、晚施药效果较好。

（4）新型增效液化剂（BA+GA₃）

①性状与作用　中国农业科学院柑橘研究所研究表明：用细胞分裂素防止柑橘第一次生理落果有明显效果，提出了用赤霉素和细胞分裂素防止柑橘生理落果的方法，即在第一次生理落果前（谢花后 7 天），也即果径 0.4～0.6 厘米大时，用细胞分裂素 200～400 毫克 / 千克 + 赤霉素 100 毫克 / 千克溶液涂果，具有良好的保果效果，防止第二次生理落果单用细胞分裂素无效。在第一次生理落果高峰后、第二次生理落果开始前保果，用赤霉素 50～100 毫克 / 千克溶液树冠喷施或用 250～500 毫克 / 千克溶液涂果，效果良好。实验充分说明：第一次生理落果与细胞分裂素有关，第二次生理落果与细胞分裂素无关，而 2 次生理落果均与赤霉素有关，但赤霉素防止第一次生理落果效果比细胞分裂素差。

新型增效液化剂有喷布型和涂果型两类。

喷布型：喷布方法不同，对保果的效果影响很大。整株喷布效果较差，对花、幼果进行局部喷布效果好，专喷幼果效果更好。因此，喷布时叶面和枝条尽量少喷。建议用小喷雾器或微型喷雾器对准花和幼果喷，保花保果效果好，而且省药，节省费用。

涂果型：涂果型是指将一个果实的表面都均匀涂湿，其优点是果实增大均匀，果型增大明显，但速度慢。

②使用方法　脐橙谢花 2/3 时，全树喷 1 次 100 毫克 / 千克增效液化剂或 50 毫克 / 千克赤霉素溶液效果显著。也可谢花 5～7

天用100毫克/千克增效液化剂＋100毫克/千克赤霉素溶液涂幼果或用小喷雾器喷幼果，效果更好。

③注意事项　一是不同的保果方法，保果效果也不同。花量少的树宜采用涂果型增效液化剂涂果，在谢花时涂1次，谢花后10天左右涂第二次；一般花量树可在盛花末期先用微型喷雾器喷布增效液化剂1次，谢花7天后用涂果型增效液化剂选生长好的果实涂1次；对于花量较大、花的质量又较好的树可在谢花时用喷布型增效液化剂普通喷布1次，谢花10天左右用微型喷雾器喷布1次。二是涂果优于微型喷雾器喷布，整株喷布效果较差。

4. 环剥、环割、环扎保果　脐橙叶片进行光合作用，制造的有机营养物质通过韧皮部输送到地下部分，供根系生长所需，而根系从土壤中吸收的水分和矿质营养通过木质部输送到地上部分，供树体生长发育所需。环剥、环割、环扎保果的主要原理是通过人为地损伤韧皮部，使韧皮部筛管的输送功能受到阻碍，一方面，影响叶片光合作用产生的有机营养向根系输送，抑制了根系生长，制约了根系的吸收功能，使根系吸收的矿质营养、水分和产生的促进生长激素减少，达到控制树体营养生长的目的，减少了树体营养消耗；另一方面，叶片光合作用产生的有机营养不会向根系输送，而增加了有机营养物质在树体内的积累，供应果实生长发育的养分多，有利于保果。

（1）环剥保果　花期、幼果期在主干或主枝的韧皮部（树皮）上环剥一圈，环剥宽度一般为被剥枝粗度的1/10～1/7，环剥深度以不伤木质部为宜。剥后，及时用塑料薄膜包扎好环剥口，以保持伤口清洁、湿润，有利于伤口愈合。通常环剥后约10天即可见效，1个月可愈合。若环剥后出现叶片黄化，可喷施叶面肥2～3次，宜选择能被植物快速吸收和利用的叶面肥，如康宝腐殖酸液肥、农人液肥、氨基酸钙、倍力钙等，如果在喷叶面肥中加入0.04毫克/千克芸薹素内酯溶液，能增强根系活力，效果更好。若出现落叶要及时淋水，春季提早浇水施肥，壮梢壮花。环剥后不能喷石硫合剂、松脂合剂等刺激性强的农药。喷 10～20 毫克 / 千克 2,4-D+0.3% 磷酸二氢钾或核苷酸混合液，可大大减少不正常的落叶。

（2）环割保果 花期、幼果期在主干或主枝的韧皮部（树皮）上环割一圈（宽度 1～2 厘米），环割深度以不伤木质部为宜。若环割后出现落叶，要及时淋水，喷 10～20 毫克 / 千克 2,4-D+0.3% 磷酸二氢钾或核苷酸混合液，可大大减少不正常的落叶。

值得注意的是，环剥（环割）所用的刀具，最好用 75% 酒精或 5.25% 次氯酸钠（漂白粉）10 倍液消毒，避免传播病害。环剥（环割）后，需要加强肥水管理，以保持树势健壮。环剥（环割）后约 10 天可见树体枝条褪绿视为有效。环剥（环割）宜选择晴天进行，如环剥（环割）后阴雨连绵，要用杀菌剂涂抹伤口，对伤口加以保护。

（3）环扎保果 在第二次生理落果前 7～10 天进行，即用 14 号铁丝对强旺树的主干或主枝选较圆滑的部位环扎一圈，扎的深度使铁丝嵌入皮层 1/2～2/3，经过 40～45 天、叶片由浓绿转为微黄时拆除铁丝。经环扎后，阻碍了有机营养物质的输送，增加了环扎口上枝条的营养积累，促使营养物质流向果实，提高了幼果的营养水平，有利于保果。

三、脐橙优质果培育

（一）优质果与经济效益

脐橙优质果是指果实横径在 7～9 厘米，果面光滑、无病虫斑点，无日灼、伤疤、裂口、刺伤、擦伤、碰压伤及腐烂现象，色泽鲜艳，果形美观，果形指数（纵径 / 横径）1.1 左右，单果重 260～280 克，果肉脆嫩，汁多，化渣，无核，风味浓甜，富有香气，可溶性固形物含量 13%～15%，耐贮运。

据统计，我国脐橙优质果率只占总产量的 40% 左右，达到出口标准的高档果不足总产量的 5%，约有 45% 的大路货随着产量增加，价格波动大，销售困难，商品价值低。而果品主要出口国（美国）优质果率达 70%，可供出口高档果占总产量的 50%，商品价值高。随着市场经济的发展和生活水平的提高，人们对果品的要求也越来越高，高产优质才有高效。因此，在保证一定产量的前提下，努力提高果品的优质率，对提高经济效益至关重要。

（二）优质果培育措施

1. 选择优良品种　目前栽培的脐橙品种很多，应选择优良的品种进行栽培，在赣南表现较好的有纽荷尔脐橙、纳维林娜脐橙、红肉脐橙、朋娜脐橙、血橙等。通过芽变选种，选育出了两个新品系，即赣南早脐橙和龙回红脐橙。

2. 把好果品质量关　目前，脐橙种植已广泛分布于广东、广西、湖南、四川、重庆、浙江、湖北、福建及江西等地。其中，江西省赣南种植脐橙具有得天独厚的气候条件，无霜期长、冻害少发生，生产的脐橙果品优质，但还存在果面斑点多、着色差及果实大小不均等问题。这就要求生产经营者除了要规范生产管理技术外，还必须严格果品采摘质量，把好采摘和采后处理关，防止"染色橙事件"再次发生，以免遭受不必要的经济损失。

3. 综合农业技术措施

（1）合理调控肥水　脐橙园普遍存在偏施氮肥、忽视有机肥和绿肥、肥料元素搭配不合理等问题。为了提高果实品质，要加强肥水管理，注重科学施肥，氮、磷、钾肥合理施用，增施微量元素，提倡施用有机肥、绿肥，尤其是以麸饼肥、畜禽粪肥等为佳。减少氮肥的施用量，肥料元素合理搭配，保持土壤疏松、湿润，不旱不涝，以增强树势，改进果实品质，提高果实的商品价值。增施有机肥对提高脐橙果实品质效果明显，有机肥的施用量应占施肥量的 50% 以上（达到 1∶1 时最佳）。增施有机肥除了改进果实内在品质外，对增加果实着色、校正果树元素缺素症具有明显的效果。适当增施磷肥能减少果实含酸量，使果皮光滑、色泽鲜艳，是生产优质脐橙果的主要措施之一。为使成年结果树营养元素供应均衡，氮∶磷∶钾配比控制在 1∶0.5∶0.8 为好。若氮钾比超过此范围，则果皮粗厚，而且味偏酸，果实不耐贮藏（因为氮、钾过高会使果皮二次发育，果皮粗厚），果个增大，果实皮厚疏松。在果实膨大期出现异常高温干旱天气，旱情严重时，脐橙树卷叶，果实停止膨大，果皮干缩。若遇突降大雨，果实迅速膨大，果皮大量吸水，白皮层水分饱和发胀，极易引起裂果。预防的最有效办法就是配套水利设施，解决水源，干旱发生时脐橙园能及时灌溉，可有效地降低树温，减少裂果的发生，提高商品果率。在果实的生长发育过程中，若雨水过多（春夏季），要及时排除积水，以免影响果实的生长发育。秋季干旱不仅严重影响脐橙的产量，还降低了果实品质。表现为果皮粗厚，表皮凹凸不平，无光泽，剥皮时果皮易碎，外形差，果汁少。因此，秋旱时做到及时浇水，对提高产量和果实品质至关重要。脐橙果实成熟时，遇连续降雨，果实可溶性固形物含量可下降 2% 左右，还会因果肉吸水，风味变淡，失去该品种固有的品质，并伴随出现浮皮。若能保持土壤适度干燥，则可提高果实甜度。因此，采果前 10 天左右果园停止浇水，有利于提高果实品质和耐贮性。

（2）**疏花疏果**　为了使脐橙丰产，应采取保花保果措施，但要提高脐橙优质果率，达到高产高效生产，就必须采取疏花疏果技术，这越来越为广大果农所认识。脐橙花量大，为节约养分，有利于稳果，可在春季进行疏剪，剪除部分生长过弱的结果枝，疏除过多的花朵和幼果，减少养分消耗，保证果品商品率。如脐橙结果过多，不仅果实等级下降，效益变差，而且影响翌年结果，也影响树势。故采取疏果措施特别是稳果后的合理疏果是必要的。

脐橙果实横径在7.5～9厘米，单果重260～280克，其商品价值较高，深受消费者欢迎。但幼龄树结出的果实往往超标准，大果较多，可通过夏剪促梢，将树冠外部单顶大果疏掉，促发多条二次夏梢或秋梢，逐步减弱强枝结大型果的现象。若丰产树结果过多、果实细小时，则可通过控制花量修剪，在花露白时剪去纤弱的无叶花枝，以减少小果的数量。

脐橙疏果在稳果后以人工摘除为宜。疏果应注意首先疏去畸形果、特大特小果、病虫果、过密果、果皮缺陷和损伤果。

（3）植物生长调节剂的应用　生产中使用激素保果效果明显，如在脐橙谢花2/3时，用中国农业科学院柑橘研究所生产的增效液化剂（BA+GA$_3$）对树冠进行喷布。每瓶（10毫升）加水12.5～15升，每隔15天喷1次，连喷2次，具有明显的增产效果。但使用不当，如过多使用赤霉素保果，则会出现粗皮大果、贪青、不化渣等现象，而且浮皮果增多，影响果实品质，商品价值下降。因此，要达到既增产又改善果实品质的目的，就必须科学地应用植物生长调节剂，如脐橙果皮着色，可用乙烯利、2,4-D和赤霉素等植物生长调节剂，调节果皮中胡萝卜素的含量，从而促进脐橙果实着色，提高果实品质。

（4）合理修剪　一般树冠荫蔽树和内膛枝结的果实风味淡、色泽及品质差，这是因为光照不足所致。对于成年脐橙结果树，因发枝力强，极易造成树冠郁闭，树体通风透光条件差，树势早衰，产量和品质不断下降。故成年脐橙树应采取以疏为主、疏缩结合的修剪方法，采用回缩修剪、疏剪、开"天窗"等措施，增加树冠通风透光性，打开光路，给树体创造良好的光照条件，有利于果实着色。对于密植果园树冠相互交叉时，对计划间伐的植株进行强度回缩修剪，直至将植株移走，光照得到改善，有利于果实着色和品质提高。也可在果园地上铺上反光膜，增加反射光，来改善密植果园光照。通过合理修剪，疏除树冠内的过密枝、弱枝和病虫枯枝，去掉遮阴枝，改善树体通风透光，有利于光合作用，积累养分，增加果实含糖量，改进果实风味品质和果实着色，提高商品价值。

（5）**防病防虫** 多种病虫都会危害脐橙果实，影响果实外观，商品价值低。例如，脐橙疮痂病、溃疡病、黑斑病、黑点病（沙皮病）、灰霉病、煤污病、油斑病等病害引起的果面缺陷，金龟子、象鼻虫等虫类危害的果实，果面出现不正常的凹入缺刻，严重的引起落果，危害轻的幼果尚能发育成长，但成熟后果面出现伤疤，影响商品果率；介壳虫和锈壁虱等虫类危害的果实，果面失去光亮，果味变酸，直接影响果实品质和外观。因此，生产中要及时防治病虫害，以提高优质果率。

（6）**合理使用农药** 在防治病虫害时，尤其是使用杀虫剂防治虫害，要严格掌握农药的使用浓度和时间，因杀虫剂多数为有机合成农药，极易损伤幼果，特别是在高温季节。盛夏气温高时使用了波尔多液，极易破坏树体水分平衡，出现药害，损伤果实表面，出现"花皮果"，影响果实品质与外观，商品价值下降。

（7）**适时采收，确保果实品质** 采收期的确定应根据脐橙果实的成熟度来决定。达到成熟度采收的脐橙，能充分保持该品种果实固有的品质。适时采收，应按照脐橙果鲜销或贮藏所要求的成熟度进行。若过早采收，果实的内部营养成分尚未完全转化形成，影响果品的产量和品质；采收过迟，也会降低品质，增加落果，容易腐烂，不耐贮藏。适时采收的关键是掌握采收期。11月中下旬果实已转淡橘红色，此时果皮完全着色，表现为橙红色至红色，用于贮藏或早期上市的果品，在橙红色时采收为最适期。

（三）裂果及防止

1. 裂果现象 脐橙裂果一般从8月初开始，裂果盛期出现在9月初至10月中旬，自然裂果率达10%左右，如遇久旱降雨或雨水过多或施磷过多，裂果率还会增加，即脐橙因裂果引起的落果高达 20%。因此，裂果造成的减产仍不可忽视。通常情况下，裂果是出现在果皮薄的果顶，最初呈现不规则裂缝状，随后裂缝扩大，囊壁破裂，露出汁胞。此外，有的年份裂果还可持续到 11 月份。

2. 裂果原因

（1）裂果的内在因素

①树体营养 树体健壮，树体储藏的碳水化合物多，花芽分化质量高，有叶花枝多，花器发达，裂果较少。树体营养差，花芽分化质量差，无叶花枝多，花质差，裂果较多。大年树开花多，消耗树体营养多，裂果多。

②内源激素 赤霉素可促进细胞伸长，增进组织生长，而细胞分裂素可促进细胞分裂，在裂果发生期，树冠喷施植物生长调节剂，增加体内激素水平，可减少裂果的发生。生产中，通常在 8 月初至 9 月底，对树冠喷施 20～30 毫克 / 千克赤霉素＋0.3% 尿素溶液，或加入 0.04 毫克 / 千克芸薹素内酯溶液喷施，每隔 7 天喷 1 次，连续喷施 2～3 次；也可用赤霉素 150～250 毫克 / 千克溶液涂果，或细胞分裂素 500 倍液喷布，以减少裂果。

③果皮诱因 果实趋向成熟，果皮变薄，果肉变软，果汁增多，并不断地填充汁胞，果汁中糖分增加，急需水分，果实内膨压增大，果肉发育快于果皮，果皮强度韧性不够，果皮易受伤而裂果。

（2）裂果的外界条件

①气候条件 夏秋高温干旱，果皮组织和细胞被损伤，秋季降雨或浇水，果肉组织和细胞吸水活跃迅速膨大，而果皮组织不能同步膨大生长，导致无力保护果肉而裂果。久旱突降暴雨，会引起大量裂果。因此，果实生育期的气象、气温、浇水、控水和降雨等因素，都与裂果有关。

②栽培技术措施 生产上，为了使果实变甜，通常多施磷肥，磷多钾少，会使果皮变薄。适当增加钾肥的用量，控制氮肥

的用量，可增加果皮的厚度，使果皮组织健壮，减轻裂果。因此，施肥不当，尤其是磷肥施用过多，钾肥用量少的脐橙园，果实中磷含量高，钾含量低，易导致裂果，故要做到科学用肥，氮、磷、钾合理搭配。管理差的脐橙园树势弱，裂果较多，尤其是根群浅的斜坡园，更易裂果。

3. 防止裂果措施

（1）**加强土壤管理，干旱及时浇水** 加强土壤管理，深翻改土，增施有机肥，增加土壤有机质含量，改善土壤理化性质，提高土壤的保水性能，尽量避免土壤水分的急剧变化，可以减少脐橙的裂果。遇上夏秋干旱要及时灌溉，以保持土壤不断向脐橙植株供水。碰上久旱，常采用多次浇水法，一次不能浇水太多，否则不但树冠外围裂果增加，还会增加树冠内膛的裂果数。通常在浇水前，可先喷有机叶面肥，如叶霸、绿丰素（高氮）、氨基酸、倍力钙等，使果皮湿润先膨大，可减少裂果的发生。有条件的地方，最好采用喷灌，改变果园小气候，提高空气湿度，避免果皮过分干缩，可较好地防止脐橙裂果。缺乏灌溉条件的果园，宜在6月底前进行树盘覆盖，减少水分蒸发，缓解土壤水分交替变化幅度，可减少脐橙裂果。

（2）**科学用肥** 脐橙生产中为使果实变甜，常多施磷肥，磷多钾少，会使果皮变薄而产生裂果，故应科学施肥，氮、磷、钾肥合理搭配。适当增加钾肥的用量，控制氮肥的用量，可增加果皮的厚度，使果皮组织健壮，可减轻裂果。在花期、幼果期，树冠喷施叶面肥，如康宝腐殖酸液肥、农人液肥、氨基酸钙、倍力钙等，可防止裂果，如果在喷叶面肥时加入 0.04 毫克/千克芸薹素内酯溶液，效果更好。在壮果期，株施硫酸钾 0.25～0.5 千克，或叶面喷布 0.2%～0.3% 磷酸二氢钾溶液，也可喷布 3% 草木灰浸出液，以增加果实含钾量；酸性较强的土壤，增施石灰，增加土壤的钙含量，有利于提高果皮的强度；同时，补充硼、钙等元素，可有效地减少或防止裂果，可在开花小果期喷 0.2% 硼砂液。

实践证明：叶面喷施高钾型绿丰素800～1 000倍液，或倍力钙1 000倍液对脐橙裂果有较好的防止效果。

（3）**合理疏果**　疏除多余的密集、畸形、细小、病虫危害的劣质果，提高叶果比，既可提高果品商品率，又可减少裂果。

（4）**应用植物生长调节剂**　防止脐橙裂果的生长调节剂有赤霉素、细胞分裂素等。在裂果发生期，树冠喷施20～30毫克/千克赤霉素＋0.3%尿素溶液，或加入0.04毫克/千克的芸薹素内酯溶液喷施，每隔7天喷1次，连续喷施2～3次；或用赤霉素150～250毫克/千克溶液涂果，或用细胞分裂素500倍液喷布，可减少裂果。

（四）日灼果及防止

1. 日灼原因　日灼又称日烧，是脐橙果实开始或接近成熟时的一种生理障碍，其症状的出现是因为夏秋的高温酷热和强烈阳光曝晒，使果实表面温度达到40℃以上而出现灼伤，开始为小褐斑，后逐渐扩大，呈现凹陷，进而果皮质地变硬，囊瓣失水，砂囊皮膜木质化，进而果实失去食用价值。此外，受强光直射的老枝、树干树皮也会出现日灼。

引起日灼的原因是高温、强日照。日本学者大垣智昭认为：紫外线是日灼障碍的主要原因。日灼主要发生在果实上，是因为果皮的气孔和其他有助于水分蒸发的结构没有叶片发达，故导致组织的温度经常升高到生理功能难以耐受的危险程度。脐橙日灼常与品种、树势有关，通常生长健壮、枝叶茂盛品种的日灼果比树势较弱品种的日灼果少。

2. 防止日灼的措施　防止日灼障碍应采取综合措施：一是深翻改土，增施有机肥，改善土壤理化性质，促使土壤团粒结构形成，增加保水保肥能力，促进脐橙植株根系健壮发达，增强根系的吸收范围和能力，保持地上部与地下部根系间的生长平衡。二是改善园地的生态条件，及时灌水、喷雾、果园行间生草，覆盖土壤，以减少果园土壤水分蒸发，不使树体发生缺水。三是树干涂白，在容易发生日灼果的树冠上中部、东南侧用 2%～3% 石灰水（加少许食盐，增加黏着性）涂果，尤其要处理单顶果，并在果园西南侧种植防护林，以遮挡强日光和强紫外线的照射。四是日灼果发生初期可用白纸贴于日灼果患部。五是果实套袋是防止日灼行之有效的方法。六是注意防治锈壁虱，在使用石硫合剂时，浓度以 0.2 波美度为宜，并注意不使药液在果面上过多凝聚。七是树冠喷施 0.3% 尿素 + 0.2% 磷酸二氢钾混合液或喷叶霸、绿丰素（高氮）、氨基酸钙、倍力钙等微肥，可取得良好的防治效果。

（五）果实套袋

随着经济发展、社会进步、人们生活水平提高，消费者对果品内质和外观的要求越来越高。只有外观美、内质优的水果才能在国内外果品市场中稳住脚跟，赢得市场。大力推广套袋技术是生产高品质果品的有效措施，应引起果树栽培者高度重视。

果实套袋可防止病虫鸟对果实的危害，减轻风害造成的损失，也可防止果锈和裂果，提高果面光洁度，靓化果面。经套袋的果实，果面光滑洁净、外观美、果皮柔韧、肉质细嫩、果汁多、富有弹性、商品率高。同时，可减少喷药次数，减少果实受农药污染和农药残留，并可防止日灼果，提高果实的商品性。

脐橙套袋时间应掌握在第二次生理落果结束后开始至 7 月中旬完成。套袋时应选择晴天，待果实叶片上完全没有水汽时进行。套袋前，应疏去畸形果、特大特小果、病虫果、机械损伤果、近地果和过密果，力求树冠果实分布均匀、合理。全园进行 1 次全面的病虫防治，重点是红蜘蛛、锈壁虱、介壳虫、炭疽病等，套袋应在喷药后 3 天内完成，若遇下雨需补喷。果袋可用"盛果"牌脐橙袋。套袋时将手伸进袋中，使全袋膨起，托起袋底，把果实套入袋内。袋口置于果梗着生部的上端，将袋口拧叠紧密后，用封口铁丝缠紧即可（图 6-7）。套袋时不能把叶片套进袋内或扎在袋口，尽量让纸袋内侧与果实分离，一果一袋。套袋时按先上后下、先里后外的顺序进行。待 10 月中旬果实着色前期，解除果实套袋，增大果实受光面，提高果品着色程度，但吸果夜蛾危害严重的地方，可在采果前 10 天左右拆袋。

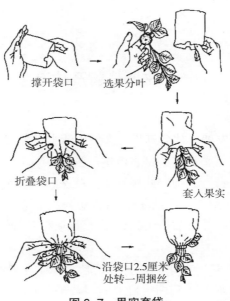

撑开袋口　选果分叶

折叠袋口　套入果实

沿袋口2.5厘米处转一周捆丝

图 6-7　果实套袋

第七章
脐橙病虫害防治

一、主要病害及防治

（一）黄龙病

黄龙病又名黄梢病，是脐橙生产的重要病害，为国际、国内检疫对象，脐橙产区均有此病发生。植株感染黄龙病后，幼龄树常在1～2年内死亡，结果树则会因患病树势衰退，丧失结果能力，直至死亡，并传播蔓延，是毁灭性病害，对脐橙生产构成极大的威胁。

1. 危害症状 黄龙病在脐橙的枝、叶、花果和根部都表现症状，其主要症状是初期病树上的"黄梢"和叶片上"斑驳型"的黄化。春梢发病轻，夏、秋梢发病重，症状明显。

（1）枝叶症状 其主要症状是初期病树上的少数顶部梢在新叶生长过程中不转绿，表现为均匀黄化，也就是通常所说的"黄梢"。春、夏、秋梢均会发病，俗称插金花。叶片上则表现为褪绿转黄，叶质硬化发脆，即为"黄化叶"。黄化叶有3种类型：一是均匀黄化叶。初期发病树在春、夏、秋梢都发生，叶片呈均匀黄化、叶硬化、无光泽，病叶在翌年春发芽前脱落，以后新梢叶片不再出现均匀黄化。二是斑驳型黄化叶。叶片转绿后，叶脉附近开始黄化，呈黄绿相间的斑驳，黄化的扩散在叶片基部更为明显，最后叶片黄绿色黄化。三是缺素状黄化叶。病树抽出生长比较弱的枝梢叶片，在生长过程中呈现缺素状黄化，类似缺锌、缺锰的症状，叶厚而细小、硬化，称为"金花叶"。

（2）**花果症状**　树体发病后，翌年开花早，无叶花比例大，花量多。花小而畸形，花瓣短小肥厚，略带黄色。有的柱头常弯曲外露，小枝上花朵往往多个聚集成团，这种现象果农称为"打花球"。这些花最后几乎全部脱落，仅有极少数能结果。病树果实小或畸形，成熟时果肩颜色暗红色，而其余部位的果皮颜色为青绿色，称为"红鼻果"。果皮变软，无光泽，与果肉不易分离，汁少味酸，着色不均匀。

（3）**根部症状**　初发病根部正常，后期病树根系出现腐烂现象。

2. 发病规律　病原为韧皮部杆菌，是一种革兰氏阴性细菌。现已确定为一种限于韧皮部的需复杂营养的细菌微生物。通过带病接穗和苗木进行远距离传播；在田间，黄龙病传播系柑橘木虱所为。木虱是自然传毒媒介，汁液摩擦和土壤均不传染。一般衰老树较幼龄树抗病力强，病害的传染和发展也较慢。凡肥水管理好、树势健壮、防虫及时的果园发病就轻；反之，病害加重。

3. 防治方法

（1）**严格实行检疫制度**　严格实行检疫，防止病苗病穗传入无病区。新发展的无病区脐橙园，不得从病区引入脐橙苗木、接穗及种子，一经发现病株应及时彻底烧毁。

（2）**建立无病苗圃**　培育无病苗木，无病苗圃的地点可设在非病区，并要求无传毒昆虫——木虱。特别是新区发展脐橙，坚持从无病区采集接穗、引进苗木，并要求做到自繁自育，保证苗木健康无病。从外地采集接穗，特别是从病区带来的接穗，需要用49℃湿热空气处理50分钟，取出用冷水降温后迅速嫁接。苗圃应建立在无病区或隔离条件好的地区，或采用网棚全封闭式育苗。

（3）**加强栽培管理**　重视结果树的肥水管理，在树冠管理上，采用统一放梢，使枝梢抽发整齐，控制树冠，复壮树势，调节挂果量，保持树势壮旺，提高抗病力。在每次嫩梢抽发期，可选用吡虫啉、甲氰菊酯等药剂防治木虱。此外，对初发病的结果树用1000毫克/千克盐酸四环素或青霉素注射树干，有一定防治效果。

（4）**及时处理病树**　一经发现病树立即挖除，集中烧毁。挖除病树前，应对病树及附近植株喷洒40%乐果乳油1000倍液，以防柑橘木虱从病树向周围转移传播。发病率10%以下的脐橙园，挖除病株后可用无病苗补植；重病园则挖除全园的树。对轻病树，也可用四环素药剂治疗，其方法是在主干基部钻孔，孔深为主干直径的2/3左右，然后从孔口用加压注射器注入药液。每株成年树注射1000×10^{-6}盐酸四环素溶液2～5升。幼龄树及初结果树的果园在挖病树后半年内可补种，盛产期的果园则不考虑补种，重病区要在整片植株全部清除1年后方可重新建园。

（5）**防治木虱**　木虱是黄龙病的传病昆虫，要及时防治。柑橘木虱产卵于嫩芽上，若虫在嫩芽上发育，应采用抹芽控梢技术，使枝梢抽发整齐，并于每次嫩梢期及时喷有机磷药剂保护。防治木虱可选用22%甲氰·三唑磷乳油1000倍液，或51.5%高氯·毒死蜱乳油800倍液，或20%吡虫·异丙威可湿性粉剂1000倍液，或2.5%增效联苯菊酯乳油1500～2000倍液。一般在嫩芽期喷药2次，在冬季清园时喷杀成虫。

提示：防治木虱要先喷药，后抹梢及锯病树。采果后，要先喷药剂防治木虱，再锯断病树，避免将病树上带病原菌的木虱成虫驱赶到健康树上，造成人为传播病害。目前，生产中大多是先砍病树，后喷药剂，杀木虱效果差或根本杀不了木虱，这是造成黄龙病难以控制的主要原因。

（二）裂 皮 病

裂皮病又称剥皮病、脱皮病，是一种病毒病，在脐橙产区均有发生。

1. 危害症状　受害植株砧木部树皮纵向开裂，部分外皮剥落（图7-1），树冠矮化，新枝少而弱，叶片少而小，多为畸形，叶肉黄化，类似缺锌症状，部分小枝枯死。病树开花多，但畸形花多，落花落果严重，产量显著下降。

图7-1　裂 皮 病

2. 发病规律　病原为类病毒。类病毒是至今发现的一类个体最小的寄生生物，仅是一个裸露的核酸分子，但可在细胞内以裂殖方式繁殖生活，耐热力强。此病除通过苗木和接穗的调运传播外，受病原污染的工具和手等与健株韧皮部接触也可传播。此外，植株间互相接触也可传播。

3. 防治方法

（1）杜绝病原　严禁从病区调运苗木和剪取接穗，防止裂皮病传入无病区。

（2）培育无病苗木　采用无毒接穗培育苗木，或经预热处理后，再进行茎尖嫁接育苗可以脱毒。

（3）**工具消毒**　用于嫁接、修剪的工具要用 10% 漂白粉液，或 25% 甲醛＋2%～5% 氢氧化钠混合液浸泡 1～2 秒钟消毒。对修剪病树用过的剪刀可用含 5.25% 次氯酸钠的漂白粉 10 倍液消毒。

（4）**挖除病树**　对症状明显、生长势弱和无经济价值的病树及时挖除。

（三）溃　疡　病

1. 危害症状　溃疡病在脐橙的枝、叶、果上都表现症状。

（1）**叶片症状**　叶片上先出现针头大小的浓黄色油渍状圆斑。接着叶片正、反两面隆起，呈海绵状，顶部稍有褶皱。随后病斑中部破裂，凹陷，呈火山口开裂，木栓化，粗糙，病斑多为近圆形，直径 3～5 毫米，常有轮纹或螺纹，边缘呈油渍状，病斑周围有黄色晕环，而叶片一般不变形。

（2）**枝梢症状**　枝梢上的病斑比叶上病斑更为凸起，木栓程度更重，火山口状开裂更为显著。圆形、椭圆形或聚合呈不规则形病部，有时病斑环绕枝 1 圈使枝枯死。病斑周围有油腻状外圈，但无黄色晕环。病斑色状与叶部类似。

（3）**果实症状**　果实病斑中部凹陷龟裂和木栓化，程度比叶部症状更为显著，病部只限于果皮，不发展到果肉，病斑一般 5～12 毫米大小。初期病斑呈油胞状半透明凸起，浓黄色，其顶部略皱缩。后期病斑在各部的病健部交界处常常有一圈褪色釉光的边缘，有明显的同心轮状纹，中间有放射状裂口（图 7-2）。青果上病斑有黄色晕圈，果实成熟后晕圈消失。

叶片和果实感染溃疡病后，常引起大量落叶落果，导致树势减弱，产量下降，果实品质降低。

2. 发病规律　溃疡病是一种细菌性病害。

（1）**发病时间**　4 月上旬至 10 月中下旬均可发生，以夏梢受害最重，秋梢次之，春梢一般发病较轻。

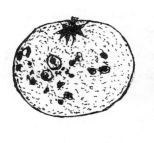

图 7-2 溃 疡 病

（2）**侵染方式** 病菌在病组织上越冬，翌年新梢抽生和幼果生长期，病菌从越冬病斑溢出，借风、雨、昆虫、工具和枝叶接触作近距离传播；通过带病苗木、接穗及果实作远距离传播，病菌主要从气孔、皮孔和伤口侵入幼嫩组织，潜育期一般 3～10 天。

（3）**气候条件** 溃疡病的发生和流行与气候有关，高温多雨，尤其是暴风雨时，给寄主造成大量伤口，使此病大流行。发病的温度范围为 20℃～35℃，最适温度 25℃～30℃，超出一定范围，病菌将会受到抑制。在适宜的温度下，寄主表面还必须保持 20 分钟以上的水湿，病菌才能侵入危害。雨水是病菌传播的主要媒介，因此高温多湿与感病的幼嫩组织相结合是导致溃疡病暴发流行的主要因素。

3. 防治方法

（1）**严格实行检疫制度** 严禁将病区的接穗和苗木引入新区和无病区。新发展的无病区脐橙园，不得从病区引入脐橙苗木及接穗，一经发现病株应及时彻底烧毁。带菌种子用 55℃～56℃热水浸种 50 分钟杀菌，或用 5% 高锰酸钾溶液浸种 15 分钟，或用 1% 甲醛溶液浸种 10 分钟，然后用清水洗净，晾干播种。

（2）**培育无病苗木** 建立无病苗木繁育体系，采用无毒接穗培育苗木，或经预热处理后，再进行茎尖嫁接育苗可以脱毒。

（3）**彻底清园** 冬季结合修剪，剪除病枝、病叶、病果，集中烧毁，减少病原。并在地面和树上喷 0.8～1 波美度石硫合剂，或 90% 克菌丹可湿性粉剂 1 500 倍液。

（4）药剂防治 抓住新叶展开期（芽长 2 厘米左右）和新叶转绿时、幼果期、果实膨大期、大风暴雨后等防治适期进行喷药防治。幼果期应每隔 15 天喷药 1 次，以保护幼果。药剂可选用77% 氢氧化铜可湿性粉剂 800～1 000 倍液，或 77% 硫酸铜钙可湿性粉剂 400～600 倍液，或 25% 叶枯唑可湿性粉剂 1 000 倍液，或 72% 硫酸链霉素可溶性粉剂 2 500 倍液 ＋1% 酒精，或 3% 金核霉素水剂 300 倍液，或 50% 代森铵水剂 700 倍液，交替轮换喷药。另外，要加强对潜叶蛾的防治，抹除抽生不整齐的嫩梢，可减少枝、叶伤口，防止病菌入侵，减轻病害。

注意：在果实膨大期后（7 月份至采收前），应尽量少用波尔多液等铜制剂，以免果实表面产生药斑，影响商品性。

（四）炭 疽 病

炭疽病是脐橙种植区普遍发生的一种重要病害。枝、叶、果和苗木均能发病，严重时可引起大量落叶、枝梢枯死、僵果和枯蒂落果、枝干开裂，导致树势衰退，产量下降，甚至整树枯死。在贮藏运输期间，常引起果实大量腐烂。

1. 危害症状
（1）叶片症状

①叶斑型 又称慢性型，多发生在成长叶片或老叶的近叶缘或叶尖处，以干旱季节发生较多。病斑为近圆形、半圆形或不规则形，稍凹陷，浅灰褐色或淡黄褐色，后变黄褐色或褐色，病斑轮廓明显，病叶脱落较慢。后期或干燥时病斑中部变为灰白色，表面密生明显轮纹状或不规则排列的微突起小黑点。在多雨潮湿天气，黑粒点溢出许多橘红色黏质液点。病叶易脱落，大部分可在冬季落光。

②叶腐型 又称急性型，主要发生在雨后高温季节的幼嫩叶

片上，病叶腐烂，很快脱落，常造成全株性落叶。多从叶缘、叶尖或叶主脉生有淡青色或青褐色如开水烫伤状病斑，并迅速扩展成水渍状、边缘不清晰的波纹状、近圆形或不规则形大病斑，可蔓及大半个叶片。病斑上亦生有橘红色黏质小液点或小黑粒点，有时呈轮纹状排列。

③叶枯型　又称落叶型，发病部位多在上年生老叶或成长叶片叶尖处，在早春温度较低和多雨时，树势较弱的脐橙树发病严重，常造成大量落叶。初期病斑呈淡青色而稍带暗褐色，渐变为黄褐色，整个病斑呈"V"形，上面长有许多红色小点。

（2）枝梢症状

①慢性型　一种情况是从枝梢中部的叶柄基部腋芽处或受伤处开始发病，病斑初为褐色、椭圆形，后渐扩大为长棱形，稍凹陷，当病斑扩展到环绕枝梢一周时，病梢由上而下呈灰白色或淡褐色枯死，其上产生小黑粒点状分生孢子盘。2年生以上的枝条因皮色较深，病部不易发现，必须削开皮层方可见到，病梢上的叶片往往卷缩干枯，经久不落。若病斑较小而树势较强时，则随枝条的生长，病斑周围产生愈伤组织，使病皮干枯脱落，形成大小不等的菱形或长条状病症。另一种情况是受冻害或树势衰弱的枝梢，发病后常自上而下呈灰白色枯死，枯死部位长短不一，与健部界限明显，其上密生小黑粒点。

②急性型　刚抽发的嫩梢顶端3～10厘米处突然发病，似开水烫伤状，3～5天后枝梢和嫩叶凋萎变黑，上面生橘红色黏质小液点。

（3）果实症状

①僵果型　一般在幼果直径为10～15毫米大小时发病，初生暗绿色、油渍状、稍凹陷的不规则病斑，后扩大至全果。天气潮湿时长出白色霉层和橘红色黏质小液点，以后病果腐烂变黑，干缩成僵果，悬挂树上不落或脱落。

②干疤型　在比较干燥条件下发生。大多在果实近蒂部至果腰

部分生圆形、近圆形或不规则形的黄褐色至深褐色病斑，稍凹陷，皮革状或硬化，边缘界限明显，一般仅限于果皮，成为干疤状。

③泪痕型　在连续阴雨或潮湿条件下，大量病菌通过雨水从果蒂流至果顶，侵染果皮形成红褐色或暗红色微突起小点组成的泪痕状或条状斑，不侵染果皮内层，仅影响果实外观。

④果腐型　主要发生在贮藏期果实和果园湿度大时近成熟的果实上。大多从蒂部或近蒂部开始发病，病斑初为淡褐色水渍状，后变为褐色至深褐色腐烂。在果园烂果脱落，或失水干缩成僵果经久不落。湿度较大时，病部表面产生灰白色，后变灰绿色的霉层，其中密生小黑粒点或橘红色黏质小液点。

2. 发病规律　炭疽病病原属真菌类。病菌在病部组织内越冬，翌年在适宜的温度条件下，由风、雨、昆虫传播。脐橙在整个生长季节均可被侵染发病，一般以夏秋高温多雨季节最易发病，如果降雨次数多、持续时间长，则分生孢子的产生和传播数量大，常易使病害流行成灾。冬季冻害较重，或早春低温多雨，以及夏秋季大雨后果园积水，根系生长不良，均会降低植株的抗病力，发病往往严重。一般在春梢生长后期开始发病，以夏、秋梢期发病较多。

3. 防治方法

（1）加强栽培管理，增强树势　炭疽病是一种弱性寄生菌，只有在树体生长衰弱的情况下才能侵入危害。树体营养好、抵抗力强的树发病轻或不发病。因此，注意果园排水，适当增施钾肥，避免偏施氮肥，培育强健的树势，是提高树体抗病能力的根本途径。

（2）彻底清园　搞好采果后至春芽前的清园，及时剪除患病枝梢，清除园内枯枝落叶，集中烧毁，减少病原。冬季清园后全面喷施 1 次 0.8～1 波美度石硫合剂 ＋ 0.1% 洗衣粉混合液，或20% 石硫合剂乳膏剂 100 倍液，杀灭存活在病部表面的病菌，还可兼治其他病虫。

（3）药剂防治　在春、夏、秋梢嫩叶期，特别是在幼果期和8～9月份果实成长期，每隔15～20天，喷药1～2次。药剂可选0.5%等量式波尔多液，或80%代森锰锌可湿性粉剂600～800倍液，或70%甲基硫菌灵可湿性粉剂800～1000倍液，或50%多菌灵可湿性粉剂，或60%溴菌腈可湿性粉剂800～1000倍液。染病后可选用75%百菌清可湿性粉剂＋70%硫菌灵可湿性粉剂（1∶1）1000倍液，或25%咪鲜胺乳油1000倍液，或25%腈苯唑悬浮剂1000倍液喷施。

提示：秋冬要注意防止急性炭疽病发生，避免造成大量的落叶，这对翌年结果尤其重要。俗话说保叶就保果，无叶就无果，伤叶就伤果。

（五）疮　痂　病

我国脐橙产区均有发生，造成叶片扭曲畸形，果小畸形，引起大量幼果脱落，直接影响到脐橙的产量和品质。

1. 危害症状　脐橙疮痂病主要危害嫩叶、嫩梢和幼果。在叶片上初期产生油渍状黄色小点，以后病斑逐渐增大，颜色也随之变成蜡黄色。后期病斑木栓化，多数病斑向叶背面突出，叶面则呈凹陷状，形似漏斗。新梢嫩叶尚未充分长大时受害，则常呈焦枯状而凋落。空气湿度大时病斑表面能长出粉红色分生孢子盘。疮痂病危害严重时，叶片常呈畸形。嫩枝被害后枝梢变短，严重时呈弯曲状，但病斑突起不明显。果上病斑在谢花后即可发现，开始为褐色小点，以后逐渐变为黄褐色木栓化突起，严重时幼果脱落。受害严重的果实较小，厚皮，味酸，甚至变成畸形。

2. 发病规律　疮痂病是由一种半知菌引起的，病菌通过风雨或昆虫传播，侵染嫩枝叶及幼果。春梢期低温阴雨，发病较重。夏梢期因气温高一般不发病。幼嫩组织易感病，而老熟组织较抗病。当气温上升到15℃以上时，老病斑上发生分生孢子，由风雨及昆虫传播到幼嫩组织上。温度在16℃～23℃、湿度又大时，即可严重发病。果实通常在 5 月上旬至 6 月上中旬感病。

3. 防治方法

（1）**严格实行检疫制度**　严禁将病区的接穗与苗木引入新种植区和无病区。病区的接穗用 50% 苯菌灵可湿性粉剂 800 倍液浸泡 30 分钟，或 40% 三唑·多菌灵可湿性粉剂 800 倍液浸泡 30 分钟，有很好的预防效果。

（2）**加强栽培管理**　严格控制肥水，在抹芽开始时或放梢前 15～20 天，通过施用腐熟有机液肥和充分浇水，使梢抽发整齐而健壮，缩短幼嫩期，减少病菌侵入机会。剪去病枝病叶，抹除晚秋梢，集中烧毁，以减少病原。

（3）**药剂防治**　本病病原菌只能在树体组织幼嫩时侵入，组织老化后即不再感染，故在每次抽梢开始时及幼果期均要喷药保护。一般来说由于春梢数量多，此时又多阴雨天气，疮痂病最为严重，夏秋梢发病较轻，因此疮痂病防治仅在春梢与幼果时各喷 1 次药即可。即在春梢萌动期，芽长不超过 2 毫米时喷 1 次药，在花落 2/3 时喷 1 次药。药剂可用 80% 代森锰锌可湿性粉剂 600～800 倍液，或 77% 氢氧化铜悬浮剂 800 倍液，或 30% 氧氯化铜悬浮剂 600 倍液，或 50% 多菌灵可湿性粉剂 600～1 000 倍液，或 50% 硫菌灵可湿性粉剂 500～800 倍液，或 70% 甲基硫菌灵可湿性粉剂 600～1 000 倍液，或 75% 百菌清可湿性粉剂 500～800 倍液，或 75% 百菌清可湿性粉剂 ＋70% 硫菌灵可湿性粉剂（1∶1）1 000 倍液，或 50% 咪鲜胺可湿性粉剂 1 000 倍液。

（六）树 脂 病

树脂病在脐橙产区均有发生。本病源菌侵染枝干所发生的病害叫树脂病或流胶病，侵染果实使其在贮藏时腐烂叫蒂腐病，侵染叶和幼果所发生的病害叫砂皮病。发生严重时，降低产量，甚至整株枯死。

1. 危害症状

（1）**流胶型**　枝干感病时有"水泡状"病斑突起，流出淡褐色至褐色类似酒糟气味的胶液，皮层呈褐色，后变茶褐色硬胶块。严重时枝干树皮开裂，黏附胶块状，干枯坏死，导致枝条或全株枯死。剖开死皮层内常出现小黑点。

（2）**干枯型**　病部皮层呈红褐色，干枯略陷，微有裂缝，不立即剥落，无明显流胶现象，病斑四周有明显的隆起疤痕。

（3）**蒂腐病**　成熟果实发病时，病菌大部分由蒂部侵入，病斑初呈水渍状褐色斑块，以后病部逐渐扩大，边缘呈波状，并变为深褐色。病菌侵入果内由蒂部穿心至果顶，使全果腐烂。

（4）**砂皮病**　病菌侵染嫩叶和小果后，使叶表面和果皮产生许多黄褐色或黑褐色硬胶质小粒点，散生或密集成片，使表面粗糙，似黏附许多细沙粒，故称砂皮病。

2. 发病规律　树脂病是一种真菌性病害。病菌以菌丝体和分生孢子器在枯枝和感病组织中越冬。翌年春暖雨后，产生大量分生孢子，经风雨、昆虫与鸟类等媒介传播。树脂病在1年中有2次发病高峰期，即4～6月份和8～9月份。病菌最适温度为20℃，侵入组织后在18℃～25℃时潜育期13～15天。由于它的寄生力较弱，因此必须在寄主生长不良、或受冻害、日灼以及剪口等有伤口处才能侵入健部组织。栽培管理不善所引起的树势衰弱容易引起树脂病的发生。

3. 防治方法

（1）**加强栽培管理**　采果前后及时施采果肥，以有机肥为主，可增强树势。酸性土壤的果园，每667米^{2}施石灰70～100千克，成年树也可每株施钙镁磷肥0.25千克，以中和土壤酸性。冬季做好防冻工作，如刷白、培土、浇水等，防止树皮冻裂。早春结合修剪，剪去病梢枯枝，集中烧毁，减少病原。

（2）**树干刷白和涂保护剂**　盛夏高温防日灼，冬天寒冷防冻时要涂白。涂白剂为石灰1千克、食盐50～100克、加水4～5

升配成。

（3）**保护枝干** 田间作业注意防止机械损伤，预防冻伤，修剪时剪口要光滑。注意防治病虫害，特别是钻蛀性害虫天牛、吉丁虫等，减少枝干伤口，减轻病菌侵入。大风雨容易造成枝条断伤，因而在每次大风雨过后，及时喷1次70%敌磺钠可溶性粉剂600～800倍液，可减少伤口感染流胶病。

（4）**刮除病部** 每年春暖后彻底刮除发病枝干上的病组织。小枝条发病时，将病枝剪除烧毁。主干或主枝发病时，用刀刮去病部组织，将病部与健部交界处的黄褐色带刮除干净，然后先用75%酒精或1%硫酸铜或80%乙蒜素乳油100倍液消毒，再用70%甲基硫菌灵可湿性粉剂或50%多菌灵可湿性粉剂100倍液，或8%～10%冰醋酸溶液，或80%代森锌可湿性粉剂20倍液涂抹。也可用接蜡涂于伤口进行保护。全年涂抹2期（5月份和9月份各1期），每期涂抹3～4次。

（5）**药剂防治** 用刀在病部纵划数刀，超出病部1厘米左右，深达木质部，纵刻线间隔0.5厘米左右，然后均匀涂药。药剂可选用70%甲基硫菌灵可湿性粉剂50～80倍液，或50%多菌灵可湿性粉剂100～200倍液，或80%代森锰锌可湿性粉剂20倍液，或53.8%氢氧化铜可湿性粉剂50～100倍液，每隔7天涂1次，连涂3～4次。采果后全面喷1波美度石硫合剂1次；春芽萌发前喷53.8%氢氧化铜可湿性粉剂1000倍液；谢花2/3及幼果期喷1～2次50%甲基硫菌灵可湿性粉剂500～800倍液，以保护叶片和树干。新梢生长旺盛期，可用50%多菌灵或70%甲基硫菌灵可湿性粉剂1000倍液喷1～2次，隔15天喷1次。

（七）脚腐病

脚腐病又称裙腐病、烂蔸病，是一种根颈病害，常使根颈部皮层死亡，引起树势衰弱，甚至整株死亡。

1. 危害症状 此病危害主干基部及根系皮层，病斑多数从根颈部开始发生，初发病时，病部树皮呈水渍状，皮层腐烂后呈褐色，有酒糟味，常流出胶质。气候干燥时，病斑干裂，病部与健部的界线较为明显；温暖潮湿时，病斑迅速向纵横扩展，使树干一圈均腐烂，向上蔓延至主干基部离地面20厘米左右，向下蔓延至根群，引起主根、侧根、须根大量腐烂，上下输导组织被割断，造成植株枯死（图7-3）。

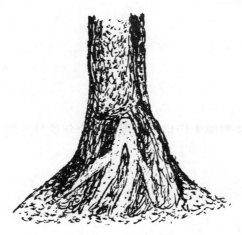

图7-3 脚 腐 病

病株全部或大部分大枝的叶片，其侧脉呈黄色，以后全叶转黄，造成落叶，枝条干枯。病重的树大量开花结果，果实早落，或小果提前转黄，果皮粗糙，味酸。

2. 发病规律 脚腐病多数由疫霉菌引起。病菌在病树主干基部越冬，也可以随病残体遗留在土壤中越冬。生长季节主要随雨水传播，从植株根颈侵入。4～9月份均可发病，但以6～8月份发病最多，一般幼树发病重，健壮树发病少，老年衰弱树发病重。气温高，连续下雨，地势低洼，果园排水不良或地下水位高的果园，近地面主干处有伤口存在时，本病可严重发生。施肥不当烧伤树皮或树根，以及天牛、吉丁虫等害虫造成的伤口或机械伤口都有利于该病的发生。

3. 防治方法

（1）选用抗病砧木　选用具有较强抗病性的枳作砧木，栽植时嫁接口要露出地面。对已发病树可选用枳砧进行靠接换砧。

（2）加强栽培管理　搞好果园的土壤改良，雨季来临时，注意开沟排水，防止果园积水，并做好病虫害的防治工作，尤其是天牛、吉丁虫等害虫。中耕时避免损伤树皮，尽量减少伤口，防止病菌从伤口侵染。

（3）药剂防治　发现新病斑，应及时涂药治疗。可采用浅刮深刻涂药法，即先刨去病部周围泥土和浅刮病斑粗皮，使病斑清晰显现，再用利刀在病部纵向刻划，深达木质部，每条间隔1厘米左右，然后涂药。药剂可选用20%甲霜灵或65%噁霜·锰锌可湿性粉剂200倍液，或90%三乙膦酸铝可湿性粉剂100倍液，或70%甲基硫菌灵100～150倍液，或50%多菌灵可湿性粉剂100倍液，或1:1:100波尔多液，或2%～3%硫酸铜溶液，待病部伤口愈合后，再覆盖河沙或新土。

（八）黄 斑 病

黄斑病是脐橙产区近年来发病较严重的一种病害，主要危害叶片和果实，发病严重时造成大量落叶落果。

1. 危害症状　黄斑病有两种类型：一类为黄斑型。发病初期叶片背面出现黄色颗粒状物，随着病斑扩大变为黄褐色或黑褐色，透到叶片正面，形成不规则的黄色斑块，叶片正、反面皆可见，病斑中央有黑色颗粒；另外一类病斑较大，初期表面生赤褐色稍突起如芝麻大小的病斑，以后稍扩大，中央微凹，黄褐色圆形或椭圆形。后期病斑中间褪为灰白色，边缘黑褐色，稍隆起。

2. 发病规律　黄斑病是真菌性病害，由一种子囊菌侵入引起，病菌在被害叶和落叶中越冬，翌年春天由风雨传播至新梢叶片。春、夏、秋梢叶片均能感病。

3. 防治方法

（1）**加强栽培管理**　多施有机肥料，增加磷、钾肥的比例，促进树势生长健壮，提高抗病能力。

（2）**彻底清园**　结合冬季修剪，剪除病枝病叶，集中烧毁，减少病原。

（3）**药剂防治**　春季结合防治炭疽病，选用药剂进行兼防。在花落 2/3 时可喷 80% 代森锰锌可湿性粉剂 600～800 倍液，或 50% 多菌灵可湿性粉剂 800～1 000 倍液，或 70% 甲基硫菌灵可湿性粉剂 800～1 000 倍液，或 75% 百菌清可湿性粉剂 500～700 倍液，或 77% 氢氧化铜可湿性粉剂 500～1 000 倍液。在梅雨季节前喷 1 次百清·多菌灵可湿性粉剂（即用多菌灵 6 份混合百菌清 4 份）800 倍液，并在 1 个月后再喷 1 次，有较好的防治效果。

（九）黑 星 病

黑星病又称黑斑病，主要危害脐橙果实，叶片、枝梢受害较轻。生长果实受害后，品质低、外观差，贮运期果实受害易变黑腐烂，造成很大损失。

1. 危害症状　发病时，在果面上形成红褐色小斑，扩大后呈圆形，直径 1～6 毫米，以 2～3 毫米的较多，病斑四周稍隆起，呈暗褐色至黑褐色，中部凹陷呈灰褐色，其上有黑色小粒点，一般危害果皮。果上黑点多时可引起落果。在枝叶上产生的病斑与果实上的相似。

2. 发病规律　黑星病是真菌引起的病害。病菌以菌丝体或分生孢子在病斑上过冬，经风雨、昆虫传播。高温有利于发病，干旱时发病少。砂糖橘较脐橙易感病，3～4 月份侵染幼果。病菌潜伏期长，受害果 7～8 月份才出现症状，9～10 月份为发病盛期。春季高温多雨、遭受冻害、树势衰弱、伤口多、果实采收过晚均有利于发病。

3. 防治方法

（1）**加强栽培管理**　加强栽培管理，注意氮、磷、钾肥搭配，增施有机肥料，使树势生长良好，可提高抗病能力。

（2）**彻底清园**　结合冬季修剪，剪除病枝病叶，清除地面落叶、落果，集中烧毁，减少越冬病原。

（3）**药剂防治**　花瓣脱落后 1 个月喷药，每隔 15 天左右喷药 1 次，连喷 2～3 次。药剂可选用 0.5∶1∶100 波尔多液，或 80% 代森锰锌可湿性粉剂 600～800 倍液，或 30% 氧氯化铜悬浮液 700 倍液，或 10% 混合氨基酸铜水剂 250～500 倍液，或 40% 硫磺·多菌灵悬浮剂 600 倍液，或 14% 络氨铜水剂 300 倍液，或 50% 乙霉威可湿性粉剂 1 500 倍液，或 50% 多菌灵可湿性粉剂 1 000 倍液，或 50% 甲基硫菌灵可湿性粉剂 500 倍液，或 50% 苯菌灵可湿性粉剂 2 000 倍液。

（4）**严格采收**　采收时做到轻拿轻放，减少机械伤果，尽量避免剪刀伤。运输时，做到快装快运快卸，可防止病害的发生。

（5）**搞好贮藏**　贮存果实时，认真检查，发现病虫烂果及时剔除，防止病害蔓延。同时，控制好贮藏库的温度，通常保持在 5℃～7℃，可减轻发病。

（十）煤 污 病

煤污病又叫煤病、煤烟病，是脐橙发生较普遍的病害。此病长出的霉层遮盖枝叶、果实，影响光合作用，并诱致幼果腐烂。

1. 危害症状　发病初期在病部表面出现一层很薄的褐色斑块，然后逐渐扩大，布满整个叶片及果实，形成茸毛状的黑色霉层，似煤烟状。叶上的霉层容易剥落，其枝叶表面仍为绿色。到后期霉层上形成许多小黑点或刚毛状突起。受煤污病危害严重时，叶片卷缩褪绿或脱落，幼果腐烂。

2. 发病规律　煤污病由 30 多种真菌引起，多为表面附生菌，病菌以蚜虫、蚧类、粉虱等害虫的分泌物为养分。荫蔽潮湿、管理粗放，对蚜虫类、蚧类、粉虱等害虫防治不及时的橘园，煤污病发生严重。

3. 防治方法

（1）**合理修剪** 科学修剪，清除病枝病叶，及时疏剪，密植果园及时间伐，增加果园通风透光，降低湿度，有助于控制该病的发展。

（2）**防止病虫** 及时防治蚜虫类、蚧类和粉虱类等刺吸式口器害虫，不使病原菌有繁殖的营养条件。

（3）**药剂防治** 发病初期喷80%代森锰锌可湿性粉剂600～800倍液，或50%甲基硫菌灵可湿性粉剂1000倍液，或0.3～0.5：0.5～0.8：100波尔多液，或铜皂液（硫酸铜0.25千克、松脂合剂1千克、水100升），或机油乳剂200倍液，或40%克菌丹可湿性粉剂400倍液，每隔10天喷1次，连喷3次，以抑制病害的蔓延。

（十一）根结线虫病

根结线虫病在脐橙产区时有发生。线虫侵入须根，使根组织过度生长，形成大小不等的根瘤，导致根腐烂、死亡。果树受害后，树势衰退，产量下降，严重时失收。

1. 危害症状 发病初期，线虫侵入须根，使其膨大，初呈乳白色，以后变为黄褐色的根瘤，严重时须根扭曲并结成团饼状，最后坏死，失去吸收能力。危害轻时，地上部无明显症状；严重时叶片失去光泽，落叶落果，树势严重衰退。

2. 发病规律 根结线虫病病原是一种根结线虫居于土壤中，以卵或雌虫在根部或土壤中越冬，翌年3～4月份气温回升时卵孵化。成虫、幼虫随水流或耕作传播，形成再次侵染。一般透水性好的沙质土发生严重，而黏质土的果园发病稍轻。带病苗木调运是传播途径。

3. 防治方法

（1）**严格实行检疫制度**　加强苗木检疫，保证无病区脐橙树不受病原侵害。

（2）**培育无病苗木**　苗圃地应选择前作为禾本科作物的耕地，在重病区选择时，其前作应为水稻。有病原的土地应反复翻耕土壤，进行暴晒。

（3）**加强管理**　一经发现有病苗木，用45℃温水浸根25分钟，可杀死二龄幼虫。病重果园结合深施肥，在1～2月份挖除5～15厘米深处的病根并烧毁，每株施1.5～2.5千克石灰，并增施有机肥，促进新根生长。

（4）**药剂防治**　2～4月份，成年树在树干基部四周开沟施药，沟深16厘米，沟距26～33厘米，每株施用50%棉隆可湿性粉剂250倍液7.5～15千克。施药后覆土并踏实，再泼浇少量水。也可在病树四周开环形沟，每667米^{2}施3%氯唑磷颗粒剂4千克。施药前按原药与细沙土1∶15的比例配制成毒土，均匀撒入沟内，施后覆土并淋水。

二、主要虫害及防治

（一）红 蜘 蛛

红蜘蛛又名橘全爪螨，是脐橙产区危害最严重的害螨。

1. 危害症状　红蜘蛛主要危害脐橙叶片、嫩梢、花蕾和果实，尤其是幼嫩组织。成虫和若虫常群集于叶片正反面沿主脉附近，危害时以口针刺破脐橙叶片、嫩枝及果实表皮，吸取汁液。叶片受害处初为淡绿色，后变为灰白色斑点，严重时叶片呈灰白色而失去光泽，引起落叶和枯梢。危害果实时，多群集在果柄至果萼下，受害幼果表面出现淡绿色斑点，成熟果实受害后表面出现淡黄色斑点，外观差，味变酸，使果实品质变差，同时因果蒂受害而出现大量落果，影响果实品质和产量。

2. 发生规律　红蜘蛛的发生消长与气候、天敌、人为因子（喷药）等密切相关，尤其是气温影响最大。通常12℃时虫口开始增加，温度上升至16℃～18℃时虫口密度成倍增加，20℃时盛发，20℃～30℃、空气相对湿度60%～70%为红蜘蛛发育和繁殖最适时期。由于4～6月份温度和养分条件适宜（正值春梢抽发），是红蜘蛛发生和危害盛期，若遇上干旱会造成对脐橙的严重危害，此时出现第一个危害高峰期。6～7月份，气温达25℃以上时虫口明显下降。7～8月份，因高温、高湿和天敌增多，虫口受抑制而显著减少，虫口出现低峰期。9～11月份温度已下降，虫口开始回升，如遇气候、营养条件（秋梢）适宜，又可能出现第二个危害高峰期。所以，红蜘蛛以4～6月份和9～11月份危害最严重。红蜘蛛有趋嫩和喜光性，故苗木、幼龄树因抽发嫩梢多、日照好、天敌少而受害重。土壤瘠薄、向阳坡的脐橙受害早而重。此外，红蜘蛛常从老叶向新叶迁移，叶面和叶背虫口均多。

3. 防治方法

（1）彻底清园，消灭越冬虫卵　冬季彻底清除园内枯枝、落叶、杂草，并集中烧毁或堆沤，结合施冬肥时深埋。冬季和早春萌芽前喷0.8～1波美度石硫合剂或95%机油乳剂100～150倍液＋25%炔螨特乳油1 000倍液，消灭越冬成螨，降低越冬虫口基数。

（2）加强虫情测报　从春季脐橙发芽时开始，每7～10天调查脐橙植株1年生叶片1次，春季当虫口密度为成螨、若螨3～5头/叶，秋季成螨、若螨3～5头/叶，冬季成螨、若螨2～3头/叶时，即进行喷药防治。

（3）药剂防治　不同防治时期可选择不同药剂。开花前，采取交替用药防治至关重要。从春季脐橙发芽开始至开花时，气温一般多在20℃以下，应选择非感温性药剂，可用5%噻螨酮乳油2 000～3 000倍液，或15%哒螨灵乳油2 000倍液，或10%四螨嗪可湿性粉剂 1 000 ～ 2 000 倍液喷施。开花后，除用上述药剂外，还可采用速效、对天敌影响小的药剂，可用 5% 唑螨酯悬浮剂 2 000 ～ 3 000 倍液，或 73% 炔螨特乳油 3 000 倍液，或 50% 溴螨酯乳油 2 500 倍液，或 0.3 ～ 0.5 波美度石硫合剂进行挑治。噻螨酮和四螨嗪不能杀死成螨，若在花后使用应与杀成螨的药剂混用，石硫合剂不能杀死卵，持效期又短，故 7 ～ 10 天后应再喷 1 次。

（4）利用天敌 红蜘蛛的天敌很多，主要有食螨瓢虫、日本方头甲、塔六点蓟马、草蛉、长须螨和钝绥螨等，可在果园合理间作和生草栽培，间作藿香蓟、苏麻、豆科绿肥等作天敌的中间宿主，有利于保护和增殖天敌。

（5）农业措施 加强树体管理，增施有机肥，改善土壤结构，促使树体生长健壮，以提高植株的抗性，干旱时及时浇水，以减轻危害。喷布药剂时可加 0.5% 尿素溶液，以促进春梢老熟。

注意：施用波尔多液、溴氰菊酯和氯氟氰菊酯农药的脐橙园，容易造成红蜘蛛的大发生，应注意加强防治。

（二）锈 壁 虱

1. 危害症状 锈壁虱又名锈蜘蛛、锈螨等，脐橙产区均有发生。锈壁虱主要危害脐橙叶片和果实，其成虫、若虫在叶片背面和果实表面以口器刺破表皮组织，吸取汁液。叶片受害，表面粗糙，叶背黑褐色，失去光泽，引起落叶，严重时影响树势。果实被害后呈灰绿色，表皮油胞破坏后，内含的芳香油溢出被空气氧化，由于虫体和蜕皮堆积，看上去如蒙上一层灰尘，失去光泽，果面呈古铜色，俗称"麻柑子"，严重影响果实品质和产量。幼果受害严重时果实变小变硬，呈灰褐色，表面粗糙有裂纹。大果受害后果皮呈黑褐色（乌皮），果皮韧而厚，品质下降，且有发酵味。果蒂受害后易使果实脱落。锈壁虱还可引发腻斑病。

2. 发生规律 锈壁虱在江西赣南 1 年发生 15 ～ 18 代，世代重叠，以成螨在腋芽和卷叶内越冬。当日平均温度低于10℃时便停止活动，15℃时开始产卵。每年4月份开始活动，随春梢抽发，成虫逐渐迁移到新梢嫩叶上危害；4月底至5月初向果实迁移；6月份以后由于气温升高，繁殖最快，密度最大；7～9月份遇高温少雨天气，果实受害更重；8月份由于果皮增厚转而危害秋梢叶片。高温高湿不利于锈壁虱生存，9月份以后随气温下降虫口减少，12月份气温降至10℃以下时停止活动，并开始越冬。雌螨为孤雌生殖，卵多分散产于叶背和果面凹陷处。若螨孵出后经2次蜕皮变为成螨，该螨常先从树冠下部和内部的叶片及果实上开始危害，后逐渐向树冠上部、外部的果实和秋梢叶片蔓延。果实上先在果蒂周围发生，再蔓延到背阴部位，最后扩展至全果。

3. 防治方法

（1）**加强虫情测报**　从4月下旬起用手持扩大镜检查，当发现结果树有个别果实受害或当年的春梢叶背有受害症状，或叶背及果面每个视野有螨2头、气候又适宜该螨发生时，应立即喷药，控制锈螨上果危害，第一次喷药应在5月上旬。7～10月份，叶片或果实在10倍放大镜每个视野有螨3～4头，或果园中发现1个果出现被害状，或5%叶果有锈螨，应进行喷药。

（2）**药剂防治**　可喷施15%哒螨灵乳油2 000～3 000倍液，或1.8%阿维菌素乳油3 000～4 000倍液，或10%浏阳霉素乳油1 000～1 500倍液，或65%代森锌可湿性粉剂600～800倍液。

（3）**利用天敌**　保护利用天敌，如多毛菌、捕食螨、草蛉、食螨蓟马等。

（4）**采取农业措施**　采果后即全面清园，剪除病虫枝，铲除田间杂草，扫除枯枝落叶集中烧毁，以减少越冬虫源。适当修剪内膛枝，防止树冠过度郁闭。

（三）矢 尖 蚧

1. 危害症状　矢尖蚧又名矢尖介壳虫、箭头蚧，脐橙产区均有发生。矢尖蚧主要危害脐橙的叶片、嫩枝和果实，以成虫和若虫群聚叶背和果实表面吸取汁液。叶片受害处呈黄色斑点，严重时叶片扭曲变形，引起卷叶和枯枝，树势衰弱，引起落叶落果，影响产量和果实品质，并诱发煤污病。

2. 发生规律 矢尖蚧在江西赣南1年发生3代，以雌成虫和二龄若虫在叶背及嫩梢中越冬。翌年4月下旬即开始产卵，第一代若虫4月底至5月上旬出现，第二代若虫7月上中旬出现，第三代若虫9月中下旬出现，至10月份日年均温度下降至17℃时停止产卵。成虫产卵期长达40～50天，卵期极短，经1小时左右。初孵若虫2～3小时后即固定不动取食，第一代多在老枝上，第二代大部分在新叶及部分果实上，第三代大部分在果实上。矢尖蚧喜隐蔽、温暖和潮湿环境，树冠郁闭、通风透光差的果园受害重。

3. 防治方法

（1）**加强虫情测报** 在第一代幼蚧出现后，应经常检查上一年的秋梢叶片或当年的春梢叶片上雄幼蚧的发育情况，如发现有少数雄虫背面出现"飞鸟状"3条白色蜡丝时，应在1～5天内喷布第一次药。在3月下旬至5月初第一代幼蚧发生前，直接在果园观察有无初孵幼蚧出现，在初见后的21～25天内喷布第一次药，隔15～20天喷第二次药，也可在5月上中旬和下旬各喷1次药。有越冬雌成虫的去年秋梢叶片达10%，或树上有1个小枝组明显有虫，或少数枝叶枯焦，或上一年秋梢叶片上越冬雌成虫达15头/100片时，应喷布药剂。

（2）**药剂防治** 可选用40%杀扑磷乳油1500倍液，或50%乙酰甲胺磷乳油800倍液，或25%杀扑·毒死蜱乳油1000倍液喷施。

（3）**农业防治** 冬季彻底清园，剪除严重的虫枝、干枯枝和郁闭枝，以减少虫源和改善通风透光条件。冬季和春梢萌发前喷8～10倍松碱合剂或95%机油乳剂60～100倍液，消灭越冬虫卵。

（4）**利用天敌**　日本方头甲、整胸寡节瓢虫、湖北红点唇瓢虫、矢尖蚧蚜小蜂和花角蚜小蜂等都是矢尖蚧的天敌。在矢尖蚧发生2～3代时应注意保护和利用天敌。

（四）糠 片 蚧

1. 危害症状　糠片蚧又名灰点蚧，脐橙产区均有发生。糠片蚧主要危害脐橙枝干、叶片和果实，叶片受害部呈淡绿色斑点，果实受害部呈黄绿色斑点，影响果实品质和外观。糠片蚧诱发煤污病，使树体覆盖一层黑色霉层，影响光合作用，从而削弱树势，甚至导致枝、叶枯死。

2. 发生规律　糠片蚧在江西赣南1年发生3～4代，以雌成虫和卵越冬，也有少数二龄若虫和蛹越冬。田间世代重叠，各代一至二龄若虫盛发于4～6月份、7～8月份、8～10月份和11月份至翌年4月份，但以8～10月份危害最重。雌成虫能孤雌生殖，产卵期长达3个月。若虫孵出后在母体下或爬出介壳固定取食，并分泌白色蜡质，形成白色绵状粉覆盖虫体。第一代主要取食叶片，第二、第三代主要危害果实。糠片蚧喜寄居在荫蔽或光线差的枝、叶上，尤其是有蛛网或灰尘覆盖处最多，同一植株上先危害枝干，再蔓延至果、叶，叶面虫多，果实上以凹陷处多。

3. 防治方法

（1）**药剂防治**　抓住一至二龄若虫盛期喷药，每15～20天喷布1次，共喷2次。药剂同矢尖蚧。

（2）**利用天敌**　日本方头甲、草蛉、长缨盾蚧蚜小蜂和黄金蚜小蜂等，都是糠片蚧的天敌，应注意保护和利用。

（3）**农业防治**　加强栽培管理，增施有机肥，改良土壤结构，增强树势，提高抗虫性。冬季彻底清园，剪除严重的虫枝、干枯枝和郁闭枝，以减少虫源，改善通风透光条件。

（五）黑 点 蚧

1. 危害症状　黑点蚧又名黑点介壳虫，脐橙产区均有发生。黑点蚧主要危害脐橙的叶片、小枝和果实，以幼虫和成虫群集在叶片、果实和小枝上取食。叶片受害处出现黄色斑点，严重时可使叶片变黄。果实受害出现黄色斑点，成熟延迟，严重时影响果实品质和外观。黑点蚧还可诱发煤污病。

2. 发生规律　黑点蚧1年发生3～4代，田间世代重叠。多以雌成虫和卵越冬。田间一龄若虫于4月下旬出现，并于7月上旬、9月中旬和10月中旬出现3次高峰，12月份至翌年3月份，日平均温度13℃以下时，一龄若虫处于低潮时期；全年雌虫成虫数量始终比一龄若虫多，尤其是11月份至翌年3月份最多。郁闭和生长衰弱的树均有利于黑点蚧的繁殖。

3. 防治方法

（1）药剂防治　在若虫盛发期喷药，每15～20天喷布1次，共喷2次。药剂同矢尖蚧。

（2）利用天敌　整胸寡节瓢虫、红点唇瓢虫、长缨盾蚧蚜小蜂和赤座霉等，都是黑点蚧的天敌，应注意保护和利用。

（3）农业防治　冬季彻底清园，剪除虫枝、干枯枝和荫蔽枝，以减少虫源和改善通风透光条件。

（六）黑刺粉虱

1. 危害症状　黑刺粉虱又名橘刺粉虱，脐橙产区均有发生。黑刺粉虱主要危害脐橙叶片，以若虫群集在叶背取食。叶片受害处出现淡黄色斑点，叶片失去光泽，发育不良。加上虫体排泄蜜露分泌物，容易诱发煤污病，导致树势衰弱，危害严重时常引起落叶落果，影响树势和果实的生长发育。

2. 发生规律　黑刺粉虱在江西赣南1年发生4代，田间世代重叠，在田间常同时出现各种虫态，大多数以三龄幼虫在叶背越冬，翌年 3 月份化蛹。黑刺粉虱喜荫蔽环境，常在树冠内或中下部的叶背密集成弧圈产卵，每处产卵数粒至数十粒，初孵若虫常在卵壳附近爬行约 10 分钟后固定并取食。

3. 防治方法

（1）**药剂防治**　在越冬成虫初见后 40～45 天防治第一代，或在各代一至二龄若虫盛期喷药，隔 20 天再喷布 1 次，药剂同矢尖蚧。冬季清园喷 48% 毒死蜱乳油 800～1 000 倍液，或松脂合剂 8～10 倍液。防治关键是各代二龄幼虫盛发期以前，可喷 25% 噻嗪酮可湿性粉剂 1 000～1 500 倍液，或 10% 吡虫啉可湿性粉剂 2 500～3 000 倍液，或 40% 杀扑磷乳油 1 000～2 000 倍液，或 48% 毒死蜱乳油 1200～1 500 倍液，或 90% 晶体敌百虫 1 000 倍液。

（2）**利用天敌**　刺粉虱黑蜂、斯氏寡节小蜂、红点唇瓢虫、草蛉、黄色蚜小蜂和韦伯虫座孢菌等都是黑刺粉虱的天敌，应注意保护和利用。

（3）**农业防治**　剪除虫枝、干枯枝和郁闭枝，以减少虫源和改善通风透光条件。

（七）木　虱

1. 危害症状　木虱是黄龙病的重要传媒昆虫，对脐橙的生产危害极大。木虱主要危害脐橙的新梢，成虫常在芽和叶背、叶脉部吸食，若虫危害嫩梢，使嫩梢萎缩，新叶卷曲变形。此外，若虫还常排出白色絮状分泌物，覆盖在虫体活动处。木虱可诱发煤污病，影响树势和产量，造成果实品质下降。

2. 发生规律　在江西赣南脐橙园，木虱各种虫态终年可见。一般 1 年发生 6 代，世代重叠，以成虫越冬。每年 4 月份成虫开始产卵于嫩芽上，6～8 月份木虱繁殖量大、危害最重，9～10 月份以后逐渐下降。木虱的田间消长与脐橙的 3 次抽梢相一致，一般秋梢最重，春梢次之，夏梢较少。脐橙树势和营养生长条件不同发生量也不一样。温度在8℃以下停止活动，15℃即能产卵。成虫很活跃，能飞善跳。卵多产于嫩芽的缝隙、叶腋和嫩梢上，但以嫩芽上为最多。若虫集中在嫩芽吸食汁液。树势弱、枝梢稀疏透光、嫩梢抽生不整齐的植株发生多，危害重。

3. 防治方法

（1）农业防治 加强田间管理，保证园内品种纯正；同时，抹除零星先萌发的芽，适时统一放梢，以减少木虱危害。砍除衰老树，减少虫源。脐橙园周围种植防护林，以防止木虱迁飞。

（2）药剂防治 第一、第二代若虫盛发期（约在4月上旬至5月中旬），第四、第五代若虫盛发期（约在7月底至9月中旬），当有5%嫩梢发现有若虫危害时进行药剂防治。药剂可选用22%甲氰·三唑磷乳油1000倍液，或51.5%高氯·毒死蜱乳油800倍液，或20%吡虫·异丙威乳油1000倍液，或2.5%增效联苯菊酯乳油1500～2000倍液。一般在嫩芽期喷药2次，并在冬季清园时喷杀成虫。

（4）利用天敌 六斑月瓢虫、草蛉和寄生蜂等都是木虱的天敌，应注意保护和利用。

（八）橘 蚜

1. 危害症状 橘蚜是衰退病的传媒昆虫，在脐橙产区均有发生。橘蚜主要危害脐橙的嫩梢、嫩叶，以成虫、若虫群集在嫩梢和嫩叶上吸食汁液。嫩梢受害后，叶片皱缩卷曲、硬脆，严重时嫩梢枯萎，幼果脱落。橘蚜分泌大量蜜露可诱发煤污病和招引蚂蚁上树，影响天敌活动，降低光合作用；严重时影响树势，造成果实产量和品质下降。

2. 发生规律 橘蚜在江西赣南1年发生20代左右，主要以卵在枝干上越冬。越冬卵3月中下旬孵化为无翅若蚜，在新梢上群集吸食危害。若虫成熟后，开始胎生若蚜，继续繁殖危害。橘蚜繁殖最适温度24℃～27℃，夏季温度过高，橘蚜死亡率高，寿命短，繁殖力低，因此春末夏初和秋季天气干旱时橘蚜发生多、危害重。

3. 防治方法

（1）**减少虫源**　冬季剪除虫枝，人工抹除抽发不整齐的嫩梢，以减少橘蚜的食料来源，从而压低虫口。

（2）**药剂防治**　重点抓住春梢生长期和花期，其次是夏秋梢嫩梢期，发现20%嫩梢有无翅蚜危害即进行药剂防治。药剂可选用50%马拉硫磷乳油2 000倍液，或20%氰戊菊酯乳油或20%甲氰菊酯乳油3 000～4 000倍液，或10%吡虫啉可湿性粉剂1 200～1 500倍液。

（3）**利用天敌**　橘蚜的天敌种类很多，如瓢虫、草蛉、食蚜蝇、寄生蜂等，应特别注意保护和利用。

（九）黑 蚱 蝉

1. 危害症状　黑蚱蝉又名蚱蝉、知了，脐橙产区均有发生。黑蚱蝉主要危害脐橙的枝梢，以成虫的产卵器在树枝上刺破枝条皮层，直达木质部，锯成锯齿状，成两排，并产卵于枝条的刻痕内。产卵的枝条因皮部受损，使枝条的输导系统受到严重的破坏，养分和水分输送受阻，受害枝条上部由于得不到水分的供应而枯死。被害的枝条多数是当年的结果母枝，有些可能成为翌年的结果母枝，故枝梢受害不仅影响当年树势和产量，还影响翌年产量。

2. 发生规律　黑蚱蝉需要12～13年才能完成1代，以枝内卵或土中若虫越冬。温度达22℃以上，进入梅雨季节后，若虫大量出土，在6～9月份、尤其是7～8月份数量最多。黑蚱蝉雌性多于雄性，晴天中午或闷热天气成虫活动频繁，交配产卵于树冠外1～2年生枝上。每个雌虫可产卵500～600粒，卵期约10个月，若虫孵化后即掉入土中吸食根部汁液，秋凉后即深入土中，春暖时再上移危害。若虫在土中可生活10多年，共蜕皮

5次。老熟后的若虫于6～8月份的每天晚上8～9时出土，爬行至树干或大枝上蜕皮变为成虫。夜间成虫喜栖息在苦楝、麻楝等林木的枝干上。

3. 防治方法

（1）**消灭若虫**　冬季翻土，杀死土中部分若虫。在成虫羽化前，每667米²用48%毒死蜱乳油300～800毫升兑水60～80升泼浇树盘，对防治蚱蝉有良好效果。也可在树干绑1条宽8～10厘米的薄膜带，以阻止蜕皮若虫上树蜕皮，并在树干基部设置陷阱（用双层薄膜做成高约8厘米的陷阱），在傍晚或晴天早晨捕捉。

（2）**人工捕杀**　若虫出土期的晚上8～9时，在树上、枝上捕杀若虫。成虫出现后用网袋或粘胶捕杀，或夜间在地上点火后再摇动树枝，利用成虫的趋光习性捕杀。也可利用晴天早上露水未干时和雨天成虫飞翔能力弱时捕杀。

（3）**消灭虫卵**　及时剪除被害枝梢并集中烧毁，同时剪除附近苦楝树等被害枝，以减少虫卵。

（十）星 天 牛

星天牛因鞘翅上有白色斑点，形似星点，因而得名。脐橙产区均有发生。

1. 危害症状　星天牛以幼虫蛀食脐橙植株离地面50厘米以内的干颈和主根的皮层，蛀食成许多虫洞，洞口常堆积有木屑状的排泄物，切断水分和养分的输送，轻者使部分枝叶黄化，重者由于根颈被蛀食而使植株枯死。星天牛危害造成的伤口，为脚腐病菌的入侵提供了条件。

2. 发生规律　星天牛1年发生1代，以幼虫在树干基部或根部木质部越冬。4月下旬成虫开始出现，5～6月份为盛期。成虫从蛹室爬出后飞向树冠，啃食树枝树皮和嫩叶。一般成虫在上午9时至下午1时活动、交尾和产卵，高温的中午常停在植株根颈部活动和产卵，5月底至6月中旬为产卵盛期。卵多产在离地面0.5米左右的树皮内，产卵时雌成虫先将树皮咬成长约1厘米的"T"形伤口，再产卵其中。产卵处因树皮被咬破常使树液流出，表面呈湿润状或有泡沫状液体。幼虫孵出后即在树皮下蛀食，并向根颈或主根表皮迁回蛀食，若环绕蛀食1圈，使水分和养分输送中断而使植株死亡。幼虫蛀食2～3个月后即蛀入木质部，至11～12月份开始越冬，翌年春化蛹。

3. 防治方法

（1）**人工捕杀成虫** 利用星天牛多于晴天中午在树皮上交尾或在根颈部产卵的习性，着重在立夏、小满期间选择晴天上午10时至下午2时捕杀星天牛成虫。

（2）**农业防治** 加强栽培管理，增施有机肥，促使植株健壮，保持树干光滑，堵塞孔洞，清除枯枝残桩和地衣、苔藓等，以减少产卵场所，除去部分卵粒和幼虫。

（3）**人工杀灭卵和幼虫** 在5月下旬至6月间继续捕杀成虫的同时，并检查近地面主干，当发现虫卵及初孵幼虫，及时用刀刮杀。6～7月份当发现地面掉有木屑，应及时将虫孔的木屑排除，用废棉花蘸40%乐果或80%敌敌畏乳油5～10倍液塞入虫孔，再用泥土封住孔口，以杀死幼虫。

（4）**药剂防治** 在成虫羽化前，在树干周围土壤中撒施3%呋喃丹颗粒剂30克/株左右，予以杀灭。

（5）**树干刷白** 在5月上中旬，将主干、主枝刷白，防止天牛产卵。刷白剂可选用白水泥10千克、生石灰10千克、鲜黄牛粪1千克，加水调成糊状。也可选用生石灰20千克、硫磺粉0.2千克、食盐0.5千克、碱性农药0.2千克，加水调成糊状。

（十一）褐 天 牛

1. 危害症状 褐天牛又名干虫，脐橙产区均有发生。褐天牛以幼虫蛀食脐橙植株离地面50厘米以上的主干和大枝木质部，蛀孔处常有木屑状虫粪从虫洞排出，使植株树干水分和养分输送受阻，树势变弱，受害重的枝、干被蛀成多个孔洞，一遇干旱易缺水枯死，也易被大风吹断。

2. 发生规律　褐天牛2周年发生1代，以幼虫或成虫越冬。幼虫约17龄，幼虫期15～20个月。7月上旬前孵出的幼虫翌年8～10月份化蛹，10～11月份羽化为成虫，在洞内越冬，第三年4月份出洞活动；8月份以后孵出的，则要经过2个冬天，成虫第三年8月份以后出洞活动。多数成虫于5～7月份出洞活动。成虫白天潜伏于洞内，晚上出洞活动，尤其是下雨前天气闷热的晚上8～9时活动最甚。成虫产卵于距地面0.5米以上的主干和大枝的树皮缝隙或其他粗糙处。幼虫孵出后先在树皮下蛀食7～20天，再蛀入木质部，使树皮出现流胶。一般幼虫先向对面蛀食再向上面蛀食，虫道长达1～1.3米。虫道每隔一段距离开1个孔洞，以便通气和排出木屑。

3. 防治方法　鉴于褐天牛成虫在晚上出洞，捕杀应在傍晚进行。其余防治方法与星天牛相同。

（十二）爆 皮 虫

1. 危害症状　爆皮虫又名锈皮虫，脐橙产区均有发生。爆皮虫以幼虫蛀食砂糖橘的树干和大枝的皮层，受害处开始出现流胶，继而树皮爆裂，使形成层中断，水分和养分输送受阻，造成枯枝死树。

2. 发生规律　爆皮虫1年发生1代，以老熟幼虫在木质部越冬，未老熟幼虫在皮层中越冬。翌年4月上旬开始羽化，并在洞中潜伏7～8天，再咬破树皮出洞。在日平均温度19℃左右时（5月中旬）开始出洞，5月下旬为出洞盛期，以晴天闷热无风时出洞多，尤其是雨后晴天出洞更多；低温阴雨天出洞少。一天内以中午出洞多。晴天成虫多在树冠上啃食嫩叶，阴雨天大多数静伏于枝叶上。成虫有假死习性。成虫出洞后1周即产卵于枝、干树皮小裂缝处，幼虫孵出后即蛀入树皮皮层，使树皮表面呈点状流胶，其后随幼虫长大逐渐向内蛀入，直抵形成层，而后即向上下蛀食，形成不规则虫道，并排泄虫粪、木屑充塞其中，使树皮和木质部分离，韧皮部干枯，树皮爆裂，严重时植株死亡。衰老树、树皮粗糙、裂缝多的树受害重。

3. 防治方法

（1）**加强树体管理**　清除枝干上苔藓、地衣和裂皮，防止爆皮虫产卵。

（2）**冬季清园**　清除被害严重的枝或枯枝，并集中烧毁，消灭越冬虫源。

（3）**药剂防治**　幼虫初孵化时，用80%敌敌畏乳油3倍液，或40%乐果乳油5倍液，涂于树干流胶处，可杀死皮层下的幼虫。在成虫将近羽化盛期而尚未出洞前，刮光树干死皮层，用80%敌敌畏乳油与10～20倍黏土混匀，再加水适量调成糊状，或用40%乐果乳油与煤油按1:1的比例混匀涂在被害处。在成虫出洞高峰期，用80%敌敌畏乳油2000倍液，或90%晶体敌百虫1000～1500倍液，或40%乐果乳油1000倍液喷洒树冠，可有效地杀死已上树的成虫。

（4）**人工削除幼虫**　在幼虫孵出期，于树体流胶处用凿或小刀削除幼虫。

（十三）恶性叶甲

1. 危害症状　恶性叶甲又名黑壳虫，脐橙产区均有发生。恶性叶甲以成虫和幼虫食害脐橙的叶片、芽、花蕾和幼果。成虫将叶片吃成仅留叶表蜡质层或将叶片吃成孔洞或缺刻。幼果被吃成小洞而脱落。幼虫喜群居一处食害嫩叶，并分泌黏液或粪便，使嫩叶焦黄和枯萎。

2. 发生规律　恶性叶甲1年发生3～7代，以成虫在树皮裂缝、卷叶和苔藓下越冬。3月中下旬成虫开始交配，卵产于嫩叶背面或叶面的边缘或叶尖，卵期 2～6 天。第一代幼虫 4～5 月份盛发，主要危害春梢，是危害最重的一代。幼虫喜群居，孵化后在叶背取食叶肉，幼虫共 3 龄，幼虫老熟后沿树干爬下，在地衣、苔藓、枯死枝干、树洞及土中化蛹。成虫不群居，活动性不强，有假死性，非过度惊扰不跳跃。砂糖橘果园管理差、苔藓和残桩多的均易受恶性叶甲危害，山地果园受害重。

3. 防治方法

（1）**加强果园管理**　清除越冬和化蛹场所，堵塞虫洞，清除残桩。

（2）**药剂防治**　4～5 月份树冠喷药 1～2 次，可杀灭成虫和幼虫。药剂可选用 90% 晶体敌百虫或 80% 敌敌畏乳油或 40% 乐果乳油 800～2 000 倍液，或 50% 马拉硫磷乳油 1 000 倍液，或烟叶水 20 倍液 +0.3% 纯碱溶液，或鱼藤粉 160～320 倍液。

（3）**人工杀灭幼虫**　在幼虫入土化蛹时，在树干上捆扎带泥稻草以诱其入内，再取下烧毁，每 2 天换稻草 1 次。

（4）**清洁枝干**　对树体上的地衣和苔藓，在春季发芽前可用松脂合剂 10 倍液，秋季可用 18～20 倍液，进行清洁和消毒。修剪时，应尽量剪至枝条基部，不留残桩，锯口、剪口要平整、光滑，并涂以伤口保护剂。一般在锯口、剪口可涂抹油漆，或涂抹 3～5 波美度石硫合剂，也可用牛粪泥浆（内加 100 毫克 / 千克 2, 4-D 或 500 毫克 / 千克赤霉素），或三灵膏（配方为凡士林 500 克、多菌灵 2.5 克、赤霉素 0.05 克调匀）涂锯口保护，以免腐朽。树洞可用石灰或水泥抹平。

（十四）潜 叶 蛾

1. 危害症状　潜叶蛾又名绘图虫，俗称鬼画符，脐橙产区均有发生。潜叶蛾主要危害脐橙的嫩叶，嫩梢和果实也会受害。以幼虫蛀入嫩叶背面、新梢表皮内取食叶肉，形成许多弯弯曲曲的银白色虫道，"鬼画符"一名即由此而来。被害叶片常常卷曲、硬化而易脱落，发生严重时，新梢、嫩叶几无幸免，严重影响枝梢生长和产量，并易诱发溃疡病。卷叶还为其他害虫，如红蜘蛛、锈壁虱和卷叶蛾等害虫提供越冬场所。果实受害易腐烂。

2. 发生规律　潜叶蛾在江西赣南 1 年发生 10 多代，世代重叠，以蛹及老熟幼虫在被害叶卷边中越冬。潜叶蛾越往南发生越早，危害越重。4～5 月份日平均温度达 20℃左右时开始危害新梢嫩叶，6 月初虫口迅速增加，7～8 月份危害夏、秋梢最盛。成虫多于清晨羽化和交尾，白天潜伏不动，晚间将卵散产于长2～3 厘米的嫩叶背面主脉两侧，秋梢多产于叶面，夏梢多产于叶背，绝大多数产在 5～25 毫米的嫩叶上，超过以上长度的嫩叶很少产卵。每叶产卵数粒，幼虫孵出后蛀入叶表皮下取食，老熟幼虫化蛹于被害叶边缘卷曲处。在气温 27℃～29℃时从卵孵化至成虫产卵为 13.5～15.6 天，卵期仅 1～2 天。田间世代重叠。高温多雨时发生多，危害重。幼树和苗木抽梢多、抽发不整齐的受害重，夏梢受害重，秋梢次之，春梢基本不受害。

3. 防治方法

（1）**农业防治**　7～9 月份夏、秋梢盛发时，是潜叶蛾发生的高峰期，应进行控梢，抹除过早、过迟抽发的零星不整齐梢。限制或中断潜叶蛾食料来源，避开潜叶蛾发生高峰期，在低峰期放梢，以避开其危害，一般在 8 月上旬立秋前后 1 周左右放秋梢。此外，夏、秋季控制肥水施用，冬季剪除受害枝梢，以减少越冬虫源。

（2）**药剂防治**　在放梢期，当大部分夏梢或秋梢初萌芽为0.5～1 厘米长时应立即喷药防治，每 5～7 天喷 1 次，连喷 2～3次，直至停梢为止。药剂可选用 1.8% 阿维菌素乳油 4 000～5 000 倍液，或 10% 吡虫啉可湿性粉剂 1 000～2 000 倍液，或 5%啶虫脒悬浮剂 2 000～2 500 倍液，或 2.5% 溴氰菊酯乳油 2 000～3 000 倍液。

（3）**利用天敌**　寄生蜂是潜叶蛾幼虫的天敌，应注意保护。

提示：防治潜叶蛾，要抓住喷药的关键时期，通常是在新叶展开期、萌芽为 1 厘米长时，及时进行树冠喷药防治。此外，在秋梢萌发期，树体零星萌发的秋梢先抹除，待树体大多数秋梢萌发时，统一放梢，集中喷药，是防止潜叶蛾发生的有效技术措施。

（十五）柑橘凤蝶

危害脐橙的凤蝶有柑橘凤蝶（又名橘黑黄凤蝶）、玉带凤蝶、金凤蝶等，造成显著危害的主要是柑橘凤蝶。

1. 危害症状 柑橘凤蝶主要危害脐橙嫩叶，常将嫩叶、嫩枝吃成缺刻，甚至吃光。

2. 发生规律 柑橘凤蝶 1 年发生 3～6 代，以蛹在枝干上、叶背等隐蔽处越冬。3～4 月份羽化为春型成虫，7～8 月份羽化为夏型成虫，田间世代重叠。成虫白天活动，喜在花间采蜜、交尾，产卵于嫩芽上和嫩叶背面或叶尖。幼虫孵出后即在此取食，先食卵壳，而后食芽和嫩叶，逐渐向下取食成长叶。幼虫遇惊时即伸出臭角，发出难闻的气味以避敌害，老熟后多在隐蔽处吐丝做垫，头斜向悬空化蛹。

3. 防治方法

（1）人工防治 人工摘除虫卵、捕杀幼虫，冬季清除越冬蛹。

（2）药剂防治 虫多时，选用 90% 晶体敌百虫或 80% 敌敌畏乳油 1 000 倍液，或 2.5% 溴氰菊酯乳油 1 500～2 500 倍液，或 10% 氯氰菊酯乳油 2 000～4 000 倍液，或 10% 吡虫啉可湿性粉剂 3 000 倍液，或 2.5% 高效氯氟氰菊酯乳油 3 000～4 000 倍液。

（3）保护天敌 凤蝶金小蜂、凤蝶赤眼蜂和广大腿小蜂等寄生蜂，可在凤蝶的卵和蛹中产卵寄生，是凤蝶的天敌，应当注意保护。

（十六）花　蕾　蛆

1. 危害症状　花蕾蛆又名橘蕾瘿蝇，俗称灯笼花，脐橙产区均有发生。花蕾蛆主要危害脐橙的花蕾，成虫在花蕾直径 2～3 毫米时，从其顶端将卵产于花蕾中，幼虫孵出以后在花蕾内蛀食，蕾内组织被破坏，雌、雄蕊停止生长，被害花蕾不能开放，呈黄白色圆球形，扁苞，质地硬而脆，形似南瓜，花瓣呈淡黄绿色，有时有油胞，终至膨大形成虫瘿。

2. 发生规律　花蕾蛆在江西赣南 1 年发生 1 代，以幼虫在树冠下 3～6 厘米深土中越冬。脐橙现蕾时成虫羽化出土，刚出土的成虫，尚无飞翔力，但能在地面爬行，当爬行至适当位置后，白天潜伏于地面，夜间活动和产卵。脐橙花蕾直径 2～3 毫米，顶端松软或有小缝隙处最适于产卵。成虫用细长的产卵管刺入花蕾内产卵，孵化的幼虫在花蕾中取食。幼虫食害花器，使花瓣变厚，花丝、花药变成褐色。受害花蕾肿大，花瓣弯曲变得粗短、淡绿色，花柱缩短，子房变扁，雄蕊畸形。幼虫善跳跃，在花蕾中约生活 10 天，老熟后即爬出花蕾弹跳入土化蛹，进行越夏、越冬。阴雨天有利于成虫出土和幼虫入土，阴湿低洼园地、背阴山地和郁闭果园、沙土、壤土有利于花蕾蛆发生。

3. 防治方法

（1）地面喷药　一般在 3 月下旬前后，掌握成虫大量出土前 5～7 天，或在花蕾有绿豆大小时，抓住成虫出土的关键时期进行地面喷药。花蕾初期，萼片开始开裂、刚能见到白色花瓣时，立即在地面喷施药剂，以杀死刚出土成虫。药剂可用 50% 辛硫磷乳油 1 000～2 000 倍液，或 2.5% 溴氰菊酯乳油 3 000～4 000 倍液，或 90% 晶体敌百虫 400 倍液，或 80% 敌敌畏乳油 800～1 000 倍液，每 7～10 天喷 1 次，连续喷施 1～2 次。

（2）树冠喷药　成虫已开始上树飞行，但尚未大量产卵前，进行树冠喷药。药剂可选用 2.5% 高效氯氟氰菊酯乳油 3 000～

5 000 倍液，或 20% 氰戊菊酯乳油 2 500～3 000 倍液，或 80% 敌敌畏乳油 1 000 倍液＋90% 晶体敌百虫 800 倍液，喷洒树冠 1～2 次。在花蕾现白期及雨后的第二天及时喷药，效果更好。

（3）**人工防治** 幼虫入土前，摘除受害花蕾煮沸或深埋。冬春深翻园土，以杀灭部分幼虫。

（4）**地膜覆盖** 在成虫出土前覆盖地膜，既可使成虫闷死于地表，又可阻止杂草生长，但成本较高。

（十七）金 龟 子

金龟子种类多，食性杂，分布广，脐橙产区均有发生。危害脐橙的金龟子主要有铜绿金龟子和茶色金龟子。在江西赣南危害最严重的是茶色金龟子。多发生在山区新垦脐橙园及幼龄脐橙园。

1. 危害症状 茶色金龟子主要以成虫危害春梢嫩叶、花和果实。因为成虫取食量大，严重影响春梢和幼果的生长发育，影响树势和产量。

2. 发生规律 茶色金龟子在江西赣南 1 年发生 2 代，以幼虫在土壤中越冬。成虫于 4 月上中旬开始羽化，4 月底至 5 月上中旬盛发，危害最严重。第一代成虫于 5 月中下旬开始产卵，6 月初幼虫开始孵化，7 月中旬左右羽化；第二代成虫 8 月出现交尾产卵。成虫白天潜伏土中，夜间交尾、取食，以闷热天气数量最多。成虫有较强趋光性及假死习性，卵产于土中，幼虫在土中 9～10 月份开始越冬。

3. 防治方法

（1）**地面撒药** 脐橙园进行冬季耕翻时，每 667 米^2 地面可撒施 3% 辛硫磷颗粒剂 250 克，可杀死土内幼虫及成虫，效果良好。

（2）**树冠喷药** 金龟子主要于傍晚出来取食，所以傍晚前喷药效果最佳。药剂可选用 90% 晶体敌百虫 1 000 倍液，或 80% 敌敌畏乳油 1 500 倍液，或 50% 马拉硫磷乳剂 1 000 倍液，或 50% 辛硫磷乳油 600～800 倍液。

（3）人工捕捉成虫　利用其假死性，成虫羽化时，可在树冠下张布毯或放油水盆，于傍晚组织人工捕杀，收集从树上振落的成虫，予以杀死。也可利用金龟子群聚习性，在果树枝上系一个瓶口较大的玻璃瓶，如啤酒瓶、大口药瓶等，最好是浅色的，使瓶口距树枝 2 厘米左右。每只瓶中装 2～3 头活金龟子，金龟子会陆续飞到树枝上，然后钻进瓶中，进去后就出不来了。一般可每隔 3～4 株树吊 1 个瓶子。金龟子多时，1 天即可钻满 1 瓶，少时几天钻满 1 瓶。到时取下来，用热水烫死金龟子，倒出来处理掉，将瓶涮干净再继续使用。

（4）灯光诱杀成虫　利用成虫的趋光性，在果园中安装佳多牌频振式杀虫灯或安装 5 瓦节能灯，或使用黑光灯，在灯光下加设油水盆，充分利用紫外光和水面光诱导成虫落水，诱杀成虫。

（5）药剂诱杀成虫　利用成虫的趋食性，在果园中分散设点投放一些经药剂处理过的烂西瓜或食用后的西瓜皮诱杀成虫，效果显著。药剂可选用 90% 晶体敌百虫 20～50 倍液。

（十八）象 鼻 虫

1. 危害症状　象鼻虫又称象虫、象甲，脐橙产区均有发生。危害脐橙的象鼻虫有多种，其中以大绿象鼻虫、灰象虫和小绿象鼻虫比较普遍。成虫危害叶片，被害叶片的边缘呈缺刻状。幼果受害果面出现不正常的凹入缺刻，严重时引起落果；危害轻的尚能发育成长，但成熟后果面呈现伤疤，影响果实品质。

2. 发生规律　每年发生 1 代，以幼虫在土内过冬，翌年清明前成虫陆续出土，爬上树梢，食害春梢嫩叶，4 月中旬至 5 月初开始危害幼果。成虫产卵期长，4～7 月份均可陆续产卵，积聚成块。5 月中下旬是幼虫孵化最盛时期，幼虫孵化后从叶上掉下钻入土中，入土深达 10～15 厘米，以后在土中生活，蜕皮 5次。早孵化的幼虫当年可化蛹羽化，以成虫在树上越冬，7 月份以后孵化的则以幼虫越冬。成虫有假死性，寿命长达 5 个多月，4～8 月份在果园均可见到。

3. 防治方法

（1）人工捕杀　每年清明以后成虫渐多，进行人工捕捉，可以中午前后在树下铺上塑料薄膜，然后摇树，成虫受惊即掉在薄膜上，将其集中杀灭。盛发期每 3～5 天捕捉 1 次。

（2）胶环捕杀　清明前后用胶环包扎树干阻止成虫上树，并随时将阻集在胶环下面的成虫收集处理，至成虫绝迹后再取下胶环。胶环制作：先以宽约 16 厘米的硬纸（牛皮纸、油纸等）绕贴在树干或较大主枝上，再用麻绳扎紧，然后在纸上涂以黏虫胶。粘虫胶配方为松香 3 千克、桐油（或其他植物油）2 千克、黄蜡 50 千克，先将油加温至 120℃ 左右，再将研碎的松香慢慢加入，边加边搅，待完全熔化为止，最后加入黄蜡充分搅拌，冷却待用。

（3）药剂防治　在成虫出土期，用 50% 辛硫磷乳油 200～300 倍液于傍晚浇施地面。成虫上树危害时，用 2.5% 溴氰菊酯乳油 3 000～4 000 倍液，或 90% 晶体敌百虫 800 倍液，或 80% 敌敌畏乳油 800 倍液喷杀。

（十九）吸果夜蛾

1. 危害症状　危害脐橙的吸果夜蛾主要有嘴壶夜蛾和鸟嘴壶夜蛾。吸果夜蛾主要以成虫危害果实，用细长尖锐的口器刺入果内吸取果汁，被刺伤口逐渐软腐成水渍状，引起果实腐烂脱落。吸果夜蛾危害严重时，可使果实损害 5%～10%。

2. 发生规律

（1）嘴壶夜蛾　嘴壶夜蛾在江西赣南 1 年发生 4 代，以幼虫或蛹在汉防己、木防己等野生植物中越冬，世代不整齐。第一代于5月中下旬至7月中下旬，第二代7月初至9月初，第三代8月中下旬至11月中旬，越冬代自9月上旬至翌年5月份。成虫夜间产卵，多产于汉防己叶片正面。幼虫全年可见，但以9～10月份发生量较多，幼虫老熟后在枝叶间吐丝粘合叶片化蛹。成虫危害果实的时期主要受果实成熟度和温度的影响，果实有一定的成熟度才会受害，温度在16℃以上时危害最重，夜间温度13℃时显著减少，10℃左右停止取食。成虫略具假死性，对光和芳香味有显著趋性。成虫夜间进入果园活动危害，夜间9～11时为活动高峰期，天亮前后即飞离脐橙园，分散在杂草、篱笆等处潜伏。危害高峰期一般在10月上旬至11月上旬，以后随着温度的下降和果实的采摘危害减少和终止。卵的天敌有澳洲赤眼蜂，幼虫的天敌有小茧蜂、姬蜂和黑额睫寄蝇，成虫的天敌有螳螂和蚰蜒等。

（2）鸟嘴壶夜蛾　鸟嘴壶夜蛾在江西赣南1年发生4代，幼虫、成虫均可越冬，世代不整齐。5～11月份均可发现成虫，成虫略有假死性，成虫产卵于果园附近背风向阳处的汉防己或木防己叶背。幼虫以其叶片为食料，所以靠近山林或盛长灌木杂草的果园受害重。幼虫行动敏捷，有吐丝下垂习性，白天多静伏于荫蔽的木防己叶下或周围杂草丛中及石缝等处，夜间取食。初龄幼虫多食木防己顶端嫩叶，吃成网状。三龄后幼虫沿植株向下取食，将叶吃成缺刻，甚至整叶吃光。老熟时在木防己基部或附近杂草丛内缀叶结薄茧化蛹。成虫夜间活动，有趋光性，即成虫黄昏后，开始飞往果园危害果实，喜食好果。天黑时逐渐增加，半夜后逐减，天明后则隐蔽杂草丛中。9～10月份为危害盛期。卵的天敌有松毛虫赤眼蜂，蛹的天敌有姬蜂和寄生蝇。

3. 防治方法

①合理规划果园　山区或半山区发展脐橙时应成片大面积栽植，尽量避免零星栽植。

②铲除幼虫寄主　清除果园附近及其周边的幼虫中间寄

主——木防己、汉防己等。

③灯光诱杀成虫　利用成虫夜间活动、有趋光性的特点，可安装黑光灯、高压汞或频振式杀虫灯，诱杀成虫，减少危害。

④忌避成虫　在成虫危害期，每树用5～10张吸水纸，每张滴香茅油1毫升，傍晚时挂于树冠周围，或用棉花团蘸上香茅油挂于树冠枝条上；也可用塑料薄膜包住樟脑丸，上刺数个小孔，每树挂上4～5粒，均有一定的忌避效果。

⑤生物防治　在7月份前后大量繁殖赤眼蜂，在脐橙园周围释放，寄生吸果夜蛾卵粒。

⑥药剂防治　开始危害时，可喷洒5.7%氟氯氰菊酯乳油1 000～2 000倍液，或2.5%高效氯氟氰菊酯乳油2 000～3 000倍液。此外，用香蕉浸药（敌百虫20倍液）诱杀或夜间人工捕杀成虫也有一定效果。

第八章
脐橙灾害性天气预防

脐橙种植以后受各种自然灾害的影响，如冻害、旱涝灾害、台风和冰雹等危害。受灾轻者影响树体的生长，造成减产；受灾重者造成树体死亡，甚至毁园。生产中只有加强栽培管理，提高树体的抗逆性；采用防灾措施，使灾害造成的损失减少到最低限度，才能确保脐橙丰产稳产。

一、冻害及防治

0℃以下的低温对脐橙所造成的伤害，称为冻害。轻微的冻害可造成树体落叶，产量下降。冻害严重时可造成树体死亡。

（一）冻害原因

脐橙遭受冻害时，细胞结冰是造成伤害的主要原因。结冰时，首先在细胞间隙中形成冰晶，冰晶随温度的降低而增多、增大，进而造成机械伤害；同时，又因细胞间隙水势降低，而细胞内水势较高，使水分从细胞内移到细胞外，导致细胞脱水。细胞不断脱水，最终引起原生质严重缺水。由于原生质的失水，使构成原生质的蛋白质分子间产生双硫键，把蛋白质分子互相紧紧联系在一起，从而导致蛋白质发生不可逆的凝聚现象，造成原生质结构解体和细胞死亡。

（二）防冻措施

1. 选择适栽、抗寒砧木　选择适合当地栽培的抗寒砧木，具有较强的抗寒能力。进行脐橙嫁接，通常选择枳作砧木。枳壳耐寒性极强，能耐 −20℃的低温。

2. 加强管理，提高树体的抗寒能力　采果后加强栽培管理，尤其是肥水管理，对树体的恢复非常重要。果实采收后及时施采果肥，肥料以速效性氮肥为主，配合磷、钾肥。用于补偿由于大量结果而引起的营养物质亏空，尤其是消耗养分较多的衰弱树，有利于恢复树势，增加树体养分积累，提高细胞液的浓度，增强树体的抗寒力，提高树体的越冬性，防止落叶，促进花芽分化，对翌年的产量极为重要。

3. 培土壅蔸　生产上栽培的脐橙，基本上是采用嫁接繁殖苗木，嫁接口距离地面 10～20 厘米，较为贴近地面，夜温较低时，根颈部最易受到冻害。可在越冬前，通常在 11 月中下旬，用疏松的土壤培植于脐橙根颈部、高为 20～30 厘米，然后再覆盖一层稻草。培土后，根颈部的温度可提高 3℃～7℃，而且昼夜温差减小，具有良好的防冻效果。值得注意的是培土厚度不足时，其防冻效果较差。

4. 树盘覆盖　新定植的幼树，其根系一般密集分布在离地面 20 厘米左右的土层中，并且须根和细根分布较多，而地下部的根系耐寒性较差。在树盘上直接覆盖一层稻草、杂草或谷壳等物，可提高地温和湿度，改善根系所处的温、湿度环境，有利于根系生长，对防止根系受冻，保护幼树安全越冬具有积极的作用。

5. 果园熏烟　熏烟，一方面燃烧放热，另一方面烟粒与水汽形成浓厚烟雾，阻挡了地面和树冠辐射降温，提高了果园的温度，从而达到常规防冻措施所不及的防冻效果。熏烟时，可用杂草、谷壳、木屑、枯枝残叶等物，堆上覆以湿草或薄泥，每 667

米²设 4～6 堆。根据天气预报，在晴朗无风、气温 –5℃左右的晚间，在果园安排多点烟堆，于发生重霜冻前数小时点燃烟堆，可直接提高果园近地面空间的温度，通常可升温 1℃～3℃，对预防霜冻有良好效果。

6. 灌水减冻　由于土壤的墒值低于水的墒值，使得土壤在低温时温度降低得比水更快，所以在冻害来临前的 7～10 天，对脐橙园全园一次浇足水。对于缺水的地方，可采取树盘浇水。浇水后，铺上稻草或者是撒上一层薄薄的细土，保持土壤的墒值，可以减轻根系的伤害程度。

7. 搭棚与覆盖　对于脐橙幼年树，尤其是 1～2 龄的小树，可在果园内围着幼树搭三角棚，南面开口，其他方位用稻草封严，防寒效果良好。或者直接在幼树树冠上面覆盖稻草、草苫、塑料薄膜等，有的直接在树盘上覆盖稻草、谷壳等物，也能收到防冻效果。

8. 保叶与防冻　在脐橙采果前后，树冠喷施 1 次 1% 淀粉＋50 毫克 / 千克 2,4–D 溶液，可有效地抑制叶片的蒸腾作用，并具有一定的保温效果，可保护叶片安全越冬。特别要注意防治急性炭疽病引起的大量落叶，保叶对防止冻害具有极其重要的意义，应引起高度的重视。大雪过后，及时摇落树体积雪，可减轻叶片受冻。否则，积雪结冰后，对叶片伤害更大。

9. 冻后及时处理

（1）锯干与保护伤口　脐橙树遭受冻害后，地上部分枝干受到不同程度的损伤或枯死，此时，根系尚未受冻，处于完好状态，只要采取适当的措施，就能使树体萌发新枝，恢复树冠，可减轻冻害。对已受冻的枝干，在新梢萌芽、生死界限分明时，适时地进行修剪，即剪去枯枝或锯去枯干。这样，有利于树体积累养分，并可促进新梢提早萌芽。锯干出现的较大伤口及时涂刷保护剂，减少水分蒸发和防御病虫害，可保护伤口，防止腐烂。一般在锯口、剪口涂抹油漆，或涂抹 3～5 波美度石硫合剂。也可用牛粪泥浆（内加 100 毫克 / 千克 2, 4–D 或 500 毫克 / 千克赤霉素），或三灵膏（配方为凡士林 500 克、多菌灵 2.5 克、赤霉素 0.05 克调匀）涂锯口保护。在遭受较大冻害后，对于完全断裂枝干，应及早锯断，削平伤口，涂保护剂（油漆、石硫合剂等），并用黑膜包扎，防止腐烂。对于已撕裂未断的枝干，不要轻易锯掉，应先用绳索或支柱撑起，恢复原状，然后在受伤处涂上鲜牛粪、黄泥浆等，促其愈合，恢复生长。对断枝断口下方抽生的新梢应适当保留，以供更新复壮使用。

（2）合理控制结果量　脐橙成年树受冻后，应控制结果量。春季可疏剪一部分弱结果母枝和坐果率低的花枝，减少花量，节约养分，尽快使树体恢复生长，促进损伤部分愈合。

（3）加强肥水管理　脐橙树受冻后，在春季萌芽前应早施肥，使叶芽萌发整齐。展叶时追施 1 次氮肥，注意浓度不宜过大。树冠叶面可喷施 0.3% 尿素 + 0.2% 磷酸二氢钾混合液，也可喷施有机营养肥，如叶霸、绿丰素、氨基酸钙、倍力钙等，有利树体恢复。对于土壤缺水的园地应及时浇水。

（4）防治病虫害与补栽　脐橙树受冻后，必然会造成一些枝干枯死或损伤，成为病菌滋生的场所。对于枝干裸露部分，夏季高温季节易引起日灼裂皮，继而引发树脂病。防治日灼裂皮，可用生石灰 15 ～ 20 千克、食盐 0.25 千克、石硫合剂渣液 1 千克加水 50 升配制刷白剂，涂刷枝干。防治树脂病则可用 50% 多菌灵可湿性粉剂 100 ～ 200 倍液，或 50% 硫菌灵可湿性粉剂 100 倍液。同时，对于枝干枯死部分应及时剪去，彻底清除病原。对受冻严重的 1 ～ 2 年生脐橙树及时挖除，进行补栽。

（5）松土保温　脐橙树受冻后，枝叶减少，树体较弱，应及时地进行松土，提高地温，增加土壤的通气性，有利于根系生长，恢复树势。

二、旱害及防治

由于土壤缺水或大气相对湿度过低对脐橙造成的伤害，称旱害。轻微的干旱可使树体内发生不利的生理生化变化，引起光合降低，生长减缓，老叶提早死亡，但还不至于引起树体死亡。严重而持续的干旱，则会导致树体的死亡。

（一）旱害原因

脐橙树体在干旱缺水时，细胞壁与原生质同时收缩，由于细胞壁弹性有限，收缩的程度比原生质小，在细胞壁停止收缩时，原生质仍继续收缩，导致原生质被撕裂。吸水时，由于细胞壁吸水膨胀速度大于原生质，两者不协调的膨胀，又可将紧贴在细胞壁上的原生质扯破。这种缺水和吸水造成的原生质损伤，均可导致细胞死亡，造成脐橙树体伤害。

（二）防旱措施

1. 提高树体抗旱能力　加强栽培管理，尤其是肥水管理，对增强树体的抗旱性非常重要。在施壮果攻秋梢肥时，适当控制氮肥的用量，增加磷、钾肥的比例，可促进蛋白质的合成，有利秋梢老熟，并可防止晚秋梢的发生。同时，可增加同化产物的积累，提高细胞液的浓度，增强脐橙树体的抗旱能力。

2. 深翻改土　结合幼龄脐橙园深翻扩穴及成年脐橙园施春肥、壮果攻秋梢肥时进行。即在原定植穴外侧树冠滴水线下挖深、宽各 50～60 厘米，长 1.2 米以上的条沟，要求不留隔墙，并以见根见肥为度。株施粗有机肥 15～20 千克、饼肥 3～6 千克、磷肥 1 千克、钾肥 1 千克、石灰 1 千克，与表土拌匀后分层施下。要求粗肥在下，精肥在上，土肥混匀，盖土高出地面 15～20 厘米。通过深翻果园土壤，增施草料、腐熟农家肥、生物有机肥等，增加土壤有机质，提高土壤肥力；通过改良土壤结构，提高土壤蓄水性能，培养发达的根系群，增强脐橙树体耐旱抗旱、抗逆能力。

3. 生草栽培 春夏季（3～5月份）在果园内行间播种绿肥，如百喜草、藿香蓟、大豆、印度豇豆等，进行生草栽培，切忌中耕除草，培养果园内自然良性杂草。改传统除草为生草栽培，割草覆盖。当杂草长到50～60厘米高时，可人工刈割铺于地面或树盘，每年可刈割1～2次。树盘盖草厚10～15厘米。结合深翻改土，将覆盖草料埋入深层土壤，翌年重新刈割杂草覆盖地面或树盘。通过园地生草造就果园小气候，稳定园内墒情，保持土壤水分，降低土壤地表温度，起到降温、保湿、防旱的作用，达到以园养园的目的。

4. 树盘覆盖 高温干旱季节，利用园内自然良性杂草、播种的绿肥、塑料薄膜及作物秸秆，如稻草、玉米秸等，覆盖树盘土壤，减少土壤水分蒸发，降低土壤地表温度，达到降温保湿的目的。覆盖时间一般为施完壮果攻秋梢肥后、伏秋干旱来临前，即6月底至7月下旬进行，覆盖厚度为15厘米左右，覆盖后适当压些泥土。注意覆盖物应离根颈10～15厘米远，以免覆盖物发热灼伤根颈。夏季土壤覆草后，地面水分蒸发量可减少60%左右，土壤湿度相对提高3%～4%，降低地面温度6℃～15℃。对未封行的幼龄脐橙园采用树盘覆盖后，节水抗旱效果显著。

5. 土壤浇水 当高温干旱持续10天以上时，应利用现有水利资源，对树盘土壤进行浇水，达到降温保湿的目的。浇水时间为上午10点半钟以前，下午4时以后。为防止脐橙裂果，第一次浇水时切忌一次性浇透浇足，尤其是长期干旱的果园，应采取分批次递增法浇水，即浇水量逐次增加，分2～3次浇透水。有条件的果园每隔7～10天浇足水1次，直至度过高温干旱期。实践证明，土壤浇水后进行树盘覆盖，节水抗旱效果更佳。

三、涝害及防治

土壤水分过多对脐橙造成的伤害，称涝害。轻微的积水，树体生长受到抑制，叶片发黄，根系不发达。严重积水时，尤其是淹水时间过长，则会造成树体死亡。

（一）涝害原因

涝害主要是使脐橙生长在缺氧的环境中，抑制有氧呼吸，促进无氧呼吸，有机物的合成受抑制，无氧呼吸累积有毒物质使脐橙根系中毒。涝害还会引起脐橙营养失调，这是由于土壤缺氧降低了根对水分和矿质离子的主动吸收，同时缺氧还会降低土壤氧化还原电势，使土壤累积一些对脐橙根系有毒害的还原性物质，如硫化氢、二价铁离子和锰离子，使根部中毒变黑，进一步减弱根系的吸收功能。此外，淹水还抑制有益微生物，如硝化细菌、氨化细菌的活动，促使嫌气性细菌，如反硝化细菌和丁酸细菌的活性，提高土壤酸度，不利于根部生长和吸收矿质营养。涝害还会使细胞分裂素和赤霉素的合成受阻，乙烯释放增多，以至加速叶片衰老。

（二）防涝措施

1. 正确选择园地　常发生涝害的地方，应针对涝害发生的原因，选择最大洪水水位之上的区域建立脐橙园。地下水位较高的区域，则应采用深沟高墩式栽培，避免或减轻涝害。

2. 及时清沟排水　因地下水位高极易造成涝害的果园，尤其是在大雨过后，脐橙遭受洪涝灾害时，要及时疏通沟渠，清理沟中障碍物，排除积水。同时，尽可能地洗去积留在树枝上的泥土杂物。若洪水不能自行排出的，要及时用人工或机械进行排除，以减轻涝害造成的损失。

3. 及时耕翻　受涝害的脐橙园，在排除积水后，应及时进行松土浅翻，解决淹水后土壤板结、毛细管堵塞的问题，以利土壤水分蒸发。但翻土不宜过深，以免伤根过多。

4. 叶面喷施有机营养液　受淹的脐橙园，土壤养分流失多，肥力下降，土壤结构变差。加上受淹脐橙树的根系受损，吸收能力减弱，土壤不宜立即施肥。可叶面喷施 0.3% 尿素 + 0.2% 磷酸二氢钾混合液，或喷施有机液体肥料，如农人液肥，施用浓度为 800 倍，如果在喷叶面肥时加入 0.04 毫克 / 千克芸薹素内酯溶液，能增强根系活力，补充树体营养，效果更好。此外，还可树冠喷施有机营养液，如叶霸、绿丰素、氨基酸钙、倍力钙等，有利树体恢复。待根系吸收能力恢复后，可浇施腐熟有机液肥，诱发新根。

5. 枝干涂白　脐橙园受涝后，对落叶严重的脐橙树，可用刷白剂进行树干涂白，以避免主干、主枝暴露在强烈阳光下而发生的日灼。刷白剂可用生石灰 15～20 千克、食盐 0.25 千克、石硫合剂渣液 1 千克加水 50 升，配制而成。

6. 疏果修枝　受淹的脐橙幼树，或生长势差、树脂病严重的脐橙树，要及时进行疏果，减少果量。同时，对受淹落叶严重的脐橙树，要剪除丛生枝、交叉枝和衰弱枝，以减少树体养分消耗，促使树体恢复。

四、冰雹危害及防治

脐橙在个别年份的春天、春夏之交或夏天，遭遇冰雹袭击，时间短则几分钟，长则几十分钟，冰雹小到玻璃弹子，大如乒乓球，轻者树体受害，影响树体生长；重者砸破砸落叶片，砸伤枝条和果实。这种由冰雹直接对脐橙造成的伤害，称为冰雹害。受冰雹危害的脐橙园，造成减产，降低果实品质，严重影响果实商品价值，生产上应引起高度重视。

（一）冰雹危害

脐橙果树受冰雹的危害程度，与树龄和树势密切相关。通常树龄越小，树冠越小，枝梢越嫩，受害越重；成年结果树、长势健壮的结果树受害相对较轻。长势弱的结果树，因枝叶稀疏，受害相对较重。往往迎风的半边受害明显，背风的半边受害较轻。受冰雹灾害后，往往砸破砸落叶片，砸伤枝条和果实，直接影响树体生长，造成减产，严重影响果实外观和商品价值。

（二）防雹措施

冰雹灾害发生后，及时采取补救措施，不仅可明显地减少当年的产量损失，而且能促进受伤枝梢的萌发，有利枝梢生长、树势恢复，有利于翌年丰产。

1. 加强肥水管理　灾害发生后，为了促进伤口愈合，树势恢复，可进行叶面喷施 0.3% 尿素 ＋ 0.2% 磷酸二氢钾混合液，也可喷施有机营养液肥 1～2 次，如农人液肥、绿丰素、氨基酸钙、倍力钙等，有利树体恢复。

2. 合理修剪　脐橙树遭受冰雹灾害后，地上部分枝干、叶片和果实会受到不同程度的损伤，此时，根系尚未受害，处于完好状态，冰雹灾害发生后 15～20 天，会抽生大量新梢，待新梢长到一定长度时，抹除过多的新梢，以减少养分消耗，对保留的新梢可进行摘心处理，有利枝梢充实粗壮。值得注意的是：新梢抽生的部位可能在砸断的春梢上，也可能在多年生枝上抽生，甚至在主枝、主干上萌发，应及时抹除位置不当的枝梢，以减少养分消耗，促使树体生长健壮。对已受害的枝干、叶片和果实，进行适时地修剪，即剪去受害的枝干、叶片和果实。对受害严重的枝干，保留断枝断口下方抽生的新梢，以便更新复壮。

3. 及时喷药，防治病虫害　受冰雹危害的脐橙树，应及时喷药，尽力防止因枝叶受伤诱发脐橙溃疡病、炭疽病等病害的发生。

第九章
脐橙采收、采后处理及
贮藏保鲜

脐橙果实采收是田间生产的最后环节，也是果实商品处理上的最初环节，采收技术直接影响果实贮藏、运输和销售的效果。

一、采 收

采果准备工作是否周全、采果是否适期、方法是否得当都直接关系到采果质量，影响果品的贮藏保鲜。严格把好采果质量关，减轻果实贮藏期的病害，对搞好果品贮藏保鲜至关重要。

（一）采收前的准备

采收前应准备好采果工具，主要工具有采果剪、采果篓或袋、装果箱和采果梯（图9-1）。

1. 采果剪 采果时，为了防止刺伤果实，减少脐橙果皮的机械损伤，应使用采果剪。作业时，齐果蒂剪取。采果剪采用剪口部分弯曲的对口式果剪。果剪刀口要锋利、合缝、不错口，以保证剪口平整光滑。

2. 采果篓或袋 采果篓一般用竹篾或荆条编制，也有用布制成的袋子，通常有圆形和长方形等形状。采果篓不宜过大，为了便于采果人员随身携带，容量以装 5 千克左右为好。采果篓里面应光滑，不至于伤害果皮，必要时篓内应衬垫棕片或厚塑料薄膜。采果篓为随身携带的容器，要求做到轻便坚固。

3. 装果箱 有用木条制成的木箱，也有用竹子编的箩或筐，还有用塑料制成的筐。这种容器要求光滑和干净，里面最好有衬垫，如用纸作衬垫，可避免果箱伤害果皮。

4. 采果梯 采用双面采果梯，使用起来较方便，既可调节高度，又不会因紧靠树干而损伤枝叶和果实。

图 9-1 采果工具
1. 采果剪 2. 采果篓 3. 双面采果梯 4. 装果筐

（二）采收时期

采收时期对脐橙的产量、品质、树势及翌年的产量均有影响。适时采收，应按照脐橙果鲜销或贮藏所要求的成熟度进行。若过早采收，果实的内部营养成分尚未完全转化形成，影响果品的产量和品质；采收过迟，也会降低品质，增加落果，容易腐烂，不耐贮藏。适时采收的关键是掌握采收期。脐橙通常在 11 月中旬至翌年 1 月上旬成熟时采收。

（三）采收方法

采果时，应遵循由下而上、由外到内的原则。先从树的最低和最外围的果实开始，逐渐向上和向内采摘。作业时，一手托果，一手持剪采果，为保证采收质量，通常采用"一果两剪"法。即第一剪带果梗剪下果实，第二剪齐果蒂剪平。采时不可拉枝和拉果。尤其是远离身边的果实不可强行拉至身边，以免折断枝条或者拉松果蒂。

为了保证采收质量，要严格执行操作规程，认真做到轻采、轻放、轻装和轻卸。对于采下的果实，应轻轻倒入有衬垫的篓（筐）内，不要乱摔乱丢。果篓和果筐不要盛得太满，以免果实滚落和被压伤。果实倒篓和转筐时都要轻拿轻放，田间尽量减少倒动，以防止造成碰伤和摔伤。对伤果、落地果、病虫果及等外果，应分别放置，不要与好果混放。

提示：不要在降雨、有雾或露水未干时采摘，以免果实附有水珠引起腐烂。

二、采后处理

果实采收后应及时进行防腐保鲜处理、果品分级和包装，这对果品贮藏保鲜、提高果品商品价值非常重要。

（一）洗果防腐

对采下的果实，应及时进行防腐处理，以防止病菌传染，减少在包装、运输过程中的腐烂损失；同时，还可去除果面尘埃、煤污等，使果品色泽更鲜艳、商品价值更高。

脐橙防腐处理用水按 GB 5749 生活用水质量标准规定执行，

使用的清洗液允许加入清洁剂、保鲜剂、防腐剂、植物生长调节剂等。通常赤霉素浓度为 20 毫克 / 千克，硫菌灵、多菌灵、抑霉唑、噻菌灵、双胍盐浓度为 500～1 000 毫克 / 千克。生产中，脐橙常用多菌灵 500 毫克 / 千克溶液（即 2 000 倍液），或硫菌灵 500～1 000 毫克 / 千克溶液（即 1 000～2 000 倍液）洗果，如果加入赤霉素 20 毫克 / 千克混合液洗果，效果更好，既可防腐，又能保持青蒂。药物处理后的果实 30 天内不得上市。

果实采收后，药剂洗果越早，贮藏中防腐效果越好。最好在采收后当天进行清洗，药剂处理最迟不超过 24 小时。可采用手工清洗，也可采用机械清洗，带叶果实宜用手工清洗。操作人员应戴软质手套，手工操作的可将采收的果实立即放入内衬软垫的筐或网中，用 500 毫克 / 千克多菌灵 + 20 毫克 / 千克赤霉素混合液浸泡，浸湿即捞出沥干。清洗后应尽快晾干或风干果面水分，通常可采用自然晾干或使用热风进行干燥。采用自然晾干时，可增设抽风、送风设备，加强库房空气流通；采用热风干燥时，注意温度不得超过 45℃，以免伤及果面，果面基本干燥即可。晾干后用软布擦净，再包装贮运。

（二）保鲜剂应用

采摘后的脐橙果实，经预冷和挑选后，即可用保鲜剂进行处理。保鲜剂种类很多，脐橙常用以下两种保鲜剂。

1. 虫胶涂料的应用　打蜡可提高脐橙果实的耐藏性及外观，可提高售价和延长果品供应期，是果实商品化处理的重要环节。经涂果打蜡的脐橙果实，能抑制水分的蒸发、保持新鲜，减少腐烂，改善外观，增强商品竞争力。剥皮食用脐橙所用蜡液和卫生指标按 NY/T 869-2004 的规定执行。目前使用的是虫胶涂料，它由漂白虫胶加丙二醇、氨水和防腐剂制成。虫胶涂料可与水任意混合。脐橙果实保鲜使用 2 号涂料或 3 号涂料，2 号虫胶涂料添加了甲基硫菌灵，3 号涂料添加了多菌灵。虫胶涂料与水以 1：1～1.5 的比例混合为宜，使用虫胶涂料处理脐橙果实时，应现配现用，一般 1 千克原液可涂果 1 500 千克左右。脐橙果打蜡前果面应清洁、干燥。打蜡后 1 个半月内销售完毕，以免因无氧呼吸而产生酒味，最好在销售前进行打蜡。采用手工打蜡操作时，适用于量少或带叶果实，用海绵或软布等蘸上加入防腐剂的蜡液均匀涂于果面。采用机械操作打蜡时，适用于数量较大和不带枝叶的果实。机械操作时，高效、省工，省保鲜剂。

2. 液态膜（SM）水果保鲜剂的应用 重庆师范学院研制出的液态膜保鲜剂，有 SM-2、SM-3、SM-6、SM-7 和 SM-8，其中 SM-6 用于脐橙果实保鲜，防衰老。液态膜为乳白色溶液，对人体无害。使用时，将 SM 保鲜剂倒入盆（桶）内，先加少量60℃热水充分搅拌，使之完全溶化，再加冷水稀释至规定倍数，冷却至室温。将无病伤脐橙果实放入浸泡并翻动几十秒钟，然后捞出沥干水，晾干后入库贮藏。

（三）预 贮

刚采下的脐橙果实，果皮鲜脆容易受伤，水分含量高，并带有大量的田间热，不经过预贮易造成贮藏库内或箱内温度过高，包果纸异常潮湿，有可能在短短几天内就发生严重的腐烂，造成重大损失。因此，通常将采下的果实放在通风处，经 2～4 天的预贮，以便散失其带有的田间热，起到降温、催汗和预冷的作用。同时，经预贮的果实，果皮的水分蒸发一部分，可使果皮软化，并具有弹性，能减少在包装贮运过程中的碰伤、压伤，并可降温降湿和减缓果皮呼吸强度，后期的果实枯水率可大大减少。另外，经预贮的果实，其轻微伤口可以得到愈合。这样，果实进入贮藏库内以后，就不会使贮藏库的温度骤增，影响果实的贮藏性。理想的预贮温度为 7℃、空气相对湿度为75%，经 2～4 天以后用手轻捏果实，有弹性感觉，即可出库包装和运输。

（四）分级、包装与运输

1. 分级 果品经营要实现商品化和标准化，就必须实行分级。

（1）果品理化指标 脐橙果品理化指标如表 9-1 所示。

表 9-1 脐橙果品理化指标

项　　目	指　标（%）
可溶性固形物≧	10
总酸度≦	0.85
固酸比≧	9
可食率≧	70

（2）果品感官质量指标 脐橙果品分级标准如表 9-2 所示。

果实大小达到级别要求，但质量根据脐橙果实特点和规格要求，将其果实按大小和质量指标只达到下一个级别时，则果实降一个质量等级对待。分成若干等级，其目的是使果品经营商品化和标准化，在经营中做到优质优价，以满足不同层次的需要。通常根据脐橙果实形状、果皮色泽、果面光洁度及成熟度进行分级，不符合分级标准的果实均列为等外果，做急销果处理。

（3）分级方法 脐橙果实可用打蜡分级机进行分级，整个过程由机器完成，其生产工艺流程为：

原料→漂洗→清洁剂洗刷→冷风干→涂蜡（或喷涂允许加入杀菌剂的蜡液）→擦亮→热风干→选果→分级

表 9-2　赣南脐橙果品分级标准

内容 等级	品　种	规　格 （厘米）	果　形	色　泽	光洁度
特 级	纽荷尔、纳维林娜等（果形短椭圆形至椭圆形）	7.5～8 8～8.5	椭圆形，无畸形果	橙红色，色泽均匀，着色率90%以上	果面光洁，无日灼、伤疤、裂口、刺伤、虫伤、擦伤、碰压伤、病斑、药斑及腐烂现象。无检疫性病虫果
	朋娜、清家、华脐、奉节72-1等（果形圆球形或扁圆形）	7.5～8 8～8.5	圆球形或扁圆形，无畸形果，脐≤15毫米	橙黄色至橙红色，色泽均匀，着色率90%以上	
一 级	纽荷尔、纳维林娜等（果形短椭圆形至椭圆形）	7.5～8 8～8.5	椭圆形，无畸形果	橙红色，色泽均匀，着色率85%以上	果面光洁，无日灼、伤疤、裂口、刺伤、虫伤、擦伤、碰压伤、病斑、药斑及腐烂现象。无检疫性病虫果。油斑、药斑等其他附着物面积不得超过10%
	朋娜、清家、华脐、奉节72-1等（果形圆球形或扁圆形）	7.5～8 8～8.5	圆球形或扁圆形，无畸形果，脐≤15毫米	橙黄色至橙红色，色泽均匀，着色率85%以上	
二 级	纽荷尔、纳维林娜等（果形短椭圆形至椭圆形）	7～7.5 7.5～8 8～8.5	椭圆形，无畸形果	橙红色，色泽均匀，着色率80%以上	果面光洁，无日灼、伤疤、裂口、刺伤、虫伤、擦伤、碰压伤、病斑、药斑及腐烂现象。无检疫性病虫果。油斑、药斑等其他附着物面积不得超过15%
	朋娜、清家、华脐、奉节72-1等（果形圆球形或扁圆形）	7～7.5 7.5～8 8～8.5	圆球形或扁圆形，无畸形果，脐≤20毫米	橙黄色至橙红色，色泽均匀，着色率80%以上	

续表 9–2

内容 等级	品　　种	规　格 （厘米）	果　形	色　泽	光洁度
三级	纽荷尔、纳维林娜等（果形短椭圆形至椭圆形）	6.5～7 7～7.5 7.5～8 8～8.5 8.5～9	椭圆形，无严重影响外观的畸形果	橙红色，色泽均匀，着色率 80% 以上	果面光洁，无日灼、伤疤、裂口、刺伤、虫伤、擦伤、碰压伤、病斑、药斑及腐烂现象。无检疫性病虫果。油斑、药斑等其他附着物面积不得超过 20%
	朋娜、清家、华脐、奉节 72–1 等（果形圆球形或扁圆形）	6.5～7 7～7.5 7.5～8 8～8.5 8.5～9	圆球形或扁圆形，无畸形果，脐≤ 20 毫米	橙黄色至橙红色，色泽均匀、着色率 80% 以上	

2. 包装　将分出的各级果实，按果实大小进行包纸。目前，脐橙的包装应推广纸箱包装，每箱装果 10～15 千克。经包装的果实规格一致，方便贮藏、运输和销售。但内销的果实大多采用竹篓、塑料篓等容器包装，竹篓每篓 5～10 千克，塑料篓每篓 1.5～2.5 千克。这种容器材料来源充足，成本低廉。不管采用何种容器包装，对于产自同一产区、同一品种和级别的果实，应力求包装型号、规格一致，以利商品标准化的实施。应注意箱（篓）底、箱（篓）内应有衬垫物，防止擦伤果实。

3. 运输　运输要求便捷，轻拿轻放，空气流通，严禁日晒雨淋、受潮、虫蛀、鼠咬。运输工具要清洁、干燥、无异味。远途运输需要具备防寒保暖设备，防冻伤。

三、贮藏保鲜

脐橙采收期集中，果实采收后若处理不当极易腐烂，严重影响果品销售，甚至造成丰产不丰收，经济效益差。因此，选择合适的贮藏方法，搞好果品贮藏保鲜，减少果品贮藏的损失，是提高经济效益、实现丰产丰收的关键措施。

（一）影响贮藏的因素

1. 果实成熟度　果实成熟度直接影响贮藏效果。过早采摘，影响果实风味和品质，果实失水多，影响贮藏效果；若采收过迟，果实在树上就已完全成熟或过熟，也会缩短贮藏寿命，易导致枯水病的发生。一般来说，贮藏用的果实，以果面绿色基本消失，并有 2/3 以上的果皮呈现脐橙固有色泽时采摘为宜。

2. 采摘及采后处理质量　采摘及采后处理质量直接影响脐橙果实的贮藏效果。在采收、分级、包装和运输过程中造成的机械损伤，轻者引发油斑病，影响果实的商品外观；重者出现青、绿霉病，造成严重损失。因此，在操作过程中，应尽量减少果实损伤，以延长果实贮藏期。

3. 贮藏期间的环境条件　贮藏期间的环境条件直接影响到脐橙果实的贮藏效果。适宜的贮藏环境条件有利于脐橙果实的贮藏。主要的环境条件有温度、湿度和气体成分等。

果实入库前，应充分预贮，使果实失重 3% 左右，抑制果皮的生理性活动，可减轻果实枯水的发生。同时，可起到降温的作用，使轻微伤果伤口得到愈合，不会使贮藏库的温度骤增而影响果实的贮藏性，并注意通风换气。

（1）**温度**　在一定的温度范围内，温度越低，果实的呼吸强度越小，呼吸消耗越少，果实较耐贮藏。因此，在贮藏期间保持适当的低温，可延长贮藏期。但温度过低，易发生"水肿"病。温度过高，也不利于贮藏，尤其是当温度在 18℃～26℃时，有利于青、绿霉病病菌的繁殖和传染。故贮藏期间的温度应控制在 6℃～10℃为宜。

（2）**湿度**　贮藏环境的湿度直接影响脐橙果实的保鲜。湿度过小，果实水分蒸发快，失重大，保鲜度差，果皮皱缩，品质降低；湿度过大，果实青、绿霉病发病严重。通常，脐橙果实贮藏环境中空气相对湿度控制在 80%～85% 为好。

（3）气体成分　脐橙果实贮藏过程中，适当地降低氧气含量，增加二氧化碳的含量，可有效地抑制果实的呼吸作用，延长贮藏期限。空气中二氧化碳的含量约为 0.03%。二氧化碳浓度达 10% 以上时，易发生水肿或干疤等生理性病害，不利于贮藏。二氧化碳浓度控制在 3%～5% 的范围较为合适。及时进行通风换气，调节好贮藏库中的气体成分，有利于脐橙果实的贮藏。

（二）贮藏方法

果品贮藏保鲜方法多种多样，既有传统的农家简易库贮藏，又有采用现代技术的贮藏，如气调贮藏、冷藏等。采用何种贮藏方法，既要从经济技术条件出发，因地制宜，因陋就简，又要有长远打算，规模效益。

1. 通风库贮藏　通风贮藏库，主要利用室内外存在的温差和库底温度的差异，通过关启通风窗来调节库内温度和湿度，并排除不良气体，保持稳定而较低的库温。通风库贮藏，库容量大，结构坚固，产区和销售区均可采用。

（1）建房　库址应选择在交通方便、四周开阔和地势干燥的地方，库房坐北朝南。库房的大小，依贮藏果实的多少而定，但不宜过宽，以 7～10 米为宜，长度可不限，高度（地面至天花板）3.5～4.5 米。贮藏库可分成若干个小间，每间 32 米^2，每室可贮藏果 8 000 千克左右。小间的库房温、湿度较稳定，有利于果实贮藏。若要保持通风库库温稳定，库房还应具备良好的隔热性能。建库时，要考虑墙壁、屋顶的隔热保温性能，尽量使库温不产生较大的波动。库房墙体的建筑材料，根据当地条件灵活采用。可砌成一层砖墙（24 厘米厚）加一层斗砖墙（厚 24 厘米，斗内填上炉渣或砻糠），两墙之间为 14 厘米的空气层，墙体厚度（包括抹灰厚度在内）为 64 厘米。屋顶呈"人"字形，要修天花板。天花板上的隔热层填充 30～50 厘米厚的稻草或木屑等。隔热层材料中宜加少许农药防虫蛀。库口设双层套门，库房进门处设缓冲走廊，避免开门时热空气直接进入贮藏室。门向以朝东或东北为好。

　　库房还必须具有良好的通风设施，库顶有抽风道，屋檐有通风窗，地下有进风道，组成库房通风循环系统。在每间贮藏室都有 2 条进风道通至货位下，均匀地配置 8 个进风口，进风口总面积为 2 米^2。在进风地道上设置插板风门，以控制进风量和库内温度。进风地道通入库房处以及进风道进入各贮藏室的进风口上，均安设涂有防护漆的铁丝防鼠网。顶棚抽风道均设排气风扇，并安置一层粗铁丝网，防止鼠、鸟入库危害，随时可进行强制通风。排风扇直径为 400 毫米，电压 220 伏，排风量为 50 米^3/分（图 9-2）。

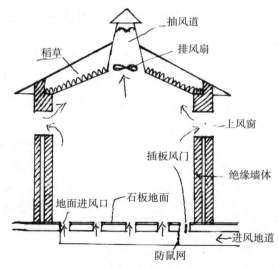

图 9-2　通风贮藏库剖面图

（2）**果实入库**　贮藏前，把包装容器放入库内，每 100 米^3 的库容用硫磺粉 1～1.5 千克、氯酸钾（助燃剂）0.1 千克，用干木屑拌匀，分几堆点燃。发烟后密闭库房 2～3 天，然后打开风窗通风。也可用 40% 甲醛 20～40 倍液喷洒，或用 4% 漂白粉液喷洒消毒，或 1% 新洁尔灭喷雾消毒。

对果实进行防腐处理后，装入适宜的果箱（篓）中。注意装箱不能装得太满，以装九成满为宜，防止果实被压伤。果实入库后，按"品"字形堆垛。最底层应用木条或砖块垫高 10 厘米左右，箱与箱之间留出 2～3 厘米空间，以利于堆内空气流通。堆高 6～10 层为宜，每堆之间留出 0.8～1 米的过道，以利通风和入库检查。垛面距库顶 1 米左右。入库初期，要注意加强通风，以利降温。一般夜间通风，白天关闭风道和门窗，保持适宜的温、湿度。

（3）**入库后的管理**　脐橙贮藏需要低而稳定的温度和较高的湿度，所以控制库内温度、湿度的变化是库房管理的主要工作。入库后的 2～3 周，因堆满库房的果实带有大量田间热，使库温升高，同时果实呼吸旺盛，蒸发量大、湿度大。因此，降温排湿是库房管理的首要任务。除雨、雾天外，日夜打开所有通风窗，晚上开启排风扇，加强通风，使库内的温、湿度迅速下降。通常，温度控制在 8℃～10℃，空气相对湿度保持在 75%～80%，以利于伤口愈合。12 月份至翌年 1 月份，由于气温下降，库温较低也较稳定，应根据库内外温、湿度情况，进行适当的通风换气。一般要求库房内的空气相对湿度保持在 85%～90% 为宜，库房温度以 4℃～10℃为好。如温度过高，可在夜间或早、晚适当开窗降温；低温期间，应关窗门防寒保温。若库房湿度过低，可在地面洒水，以增加库房湿度。2～3 月份，外界气温回升，腐果率明显提高，必须早、晚开窗通风，白天闭窗，以降低库内温度和排出不良气体。通风换气次数，2 月份 3～5 天 1 次；3 月份隔日通风换气 1 次。只要加强管理，脐橙利用通风库贮藏，一般可贮藏 90～100 天。出库率达到 85%～90%。

2. 农家简易库贮藏　农家简易库多是砖墙瓦面平房或者砖柱瓦房，依靠自然通风换气来调节库内温度和湿度进行贮藏。因此，要求仓库门窗关启灵活，门窗厚度要超过普通平房。仓库四周和屋顶应加设通风窗，安装排风扇。入库前，仓库及用具可用 500～1 000 毫克/千克多菌灵溶液消毒。果实入库前，需要经过防腐保鲜剂处理，并预贮 2～3 天，挑选无病虫、无损伤的果实，用箱或篓装好，按"品"字形进行堆垛，并套上或罩上塑料薄膜，保持湿度，垛与垛之间、垛与墙之间要保持一定的距离，以利于通风和入库检查。库房的管理与通风贮藏库相似。

3. 留树贮藏　脐橙果实与其他柑橘类果实一样，在成熟过程中没有明显的呼吸高峰，所以果实成熟期较长。利用这一特性，生产上可将已经成熟的果实继续保留在树上，分批采收，供应市场。脐橙将在 12 月份采收的果实延迟至春节时采收上市，供消费者作年货馈赠亲友，果价提升可达 30% 以上。近年来，随着气候变暖，出现暖冬现象，脐橙留树贮藏获得成功。经树上留果保鲜的果实，色泽更鲜艳，糖量增加，可溶性固形物含量提高，柠檬酸含量下降，风味更香甜，肉质更细嫩化渣，深受消费者的欢迎。

（1）加强肥水管理　留果必然增加树体负担，消耗更多的养分，若营养供应跟不上，就会影响翌年的产量，11 月上旬要重施有机质水肥 1 次，留果 40～60 千克的树，每株施 500～1 000 克经沤熟的麸肥或猪粪 50～75 千克+三元复合肥 200～300 克，另加草木灰 5 千克，过磷酸钙、硫酸钾各 250 克，并结合浇水抗旱；同时，注意喷施有机营养液，如叶霸、农人液肥、氨基酸、倍力钙等，增加树体营养，提高树液浓度，增强抗寒力，以利于花芽形成。留果期间，发现果皮松软时，属于冬旱缺水，要注意及时浇水，保持土壤湿润。平地或水田果园由于水利条件好，易于满足砂糖橘需水较多的特性，树上留果保鲜易获得成功。采果后要立即浇水，并施以速效氮肥为主兼施磷、钾肥，迅速恢复树势，促春芽萌动，力争连年丰产。

（2）**留树期间的管理**　脐橙果实在由深绿色变为浅绿色出现转黄时，树冠喷施赤霉素10～15毫克/千克保果，以延迟表皮衰老。若发现果实外果皮松软、果品质下降，要及时采收，避免损失。同时，应加强病虫害防治，尤其是炭疽病的发生，加喷杀菌剂以保叶过冬。适当使用赤霉素，延缓果实衰老，防止因橘果过熟，果皮衰老，感染病害，造成贮运时因果实相互挤压产生大量烂果。树上留果可达1～2个月，稳果率达90%以上。只要加强留树期间管理和采果树的栽培管理，不会影响翌年产量。

（3）**喷药**　留果期间，树冠可喷施70%甲基硫菌灵可湿性粉剂1000倍液，或50%多菌灵可湿性粉剂800倍液，亦可结合喷赤霉素时混合使用，减少果园贮藏多种病害病原且有喷药清园效果。留果保鲜期间，果皮已衰老，易产生药害，喷药时注意用药浓度，对强碱性农药要控制使用，避免因此产生油胞破损现象，影响果实品质，甚至烂果、落果。若此时有"冬寒雨至"时，雨水会使树上大果的果皮吸水发泡，亦要及时采收，避免引起烂果。

（4）**防止果实受冻**　留果期间，易遭受低温霜冻，应注意防止。果实受冻伤后，果皮完好而皮肉分离，用手压有空壳感，不堪食用，造成经济损失。冬季气温低的地方不宜采用此法贮藏。

（三）贮藏期病害及防治

1. 病理性病害　病理性病害是由真菌侵染引起的病害。贮藏期常见病害主要是青霉病和绿霉病，危害后可引起大量烂果。

（1）**青霉病和绿霉病**　青霉病和绿霉病是脐橙贮运期间发生最普遍、危害最严重的病害。常在短期内造成大量果实腐烂，特别是绿霉病在气候较暖的南亚热带地区发病较重。

①危害症状　青霉菌和绿霉菌侵染脐橙果实后，首先表现为

柔软、褐色、水渍状、略凹陷皱缩的圆形病斑。2～3天后，病部长出白色霉层，随后在其中部产生青色或绿色粉状霉层，但在病斑周围仍有一圈白色霉层带，病、健交界处仍为水渍状环纹。在高温高湿条件下，病斑迅速扩展，深入果肉，致使全果腐烂，全过程只需1～2周。干燥时则成僵果。青霉病和绿霉病病害症状的区别如表9-3所示。

表9-3　青霉病和绿霉病的症状比较

项　目	青霉病	绿霉病
分生孢子	青色，可延及病果内部，发生较快	绿色，限于病果表面，发生较慢
白色霉带	粉状狭窄，仅1～2毫米	胶状，较宽，8～15毫米
病部边缘	水渍状，边缘规则而明显	边缘水渍状不明显，不规则
气　味	有霉气味	具芳香味
黏附性	对包果纸及其他接触物无黏着力	往往与包果纸及其他接触物粘连

②发病规律　青霉菌和绿霉菌可以在各种有机物质上营腐生生长，并产生大量分生孢子扩散到空气中，借气流或接触传播。病菌萌发后通过果皮上的伤口侵入危害，引起腐烂，并不断蔓延。病害最适空气相对湿度95%～98%，适宜温度6℃～33℃，其中青霉病最适温度为18℃～26℃，绿霉病25℃～27℃。因此，脐橙在贮藏初期多发生青霉病，贮藏后期随着库内温度增高绿霉病发生较多。在采摘和贮运过程中损伤果皮，或采摘时果实已过度成熟，均易发病。

③防治方法

第一，严格采果操作规程，确保采果质量。采果时应遵循由下而上、由外到内的原则。先从树的最低和最外围的果实开始，逐渐向上和向内采摘。做到"一果两剪"，即第一剪带果梗剪下果实，第二剪齐果蒂剪平。采时不可拉枝、拉果。尤其是远离身边的果实不可强行拉至身边，以免折断枝条或者拉松果蒂。防止果实受伤，如刺伤、碰伤、压伤等。

提示：采果时，注意轻采、轻放、轻装和轻卸，以免造成碰伤、摔伤。尽量减少果实伤口是防治青、绿霉病的关键。

第二，果实防腐处理。采下的果实及时地进行防腐处理，可防止病菌传染，减少在贮藏和运输中的损失。药剂可选用多菌灵、硫菌灵 500～800 毫克/千克，或噻菌灵 1 000 毫克/千克，防腐杀菌剂加 200～250 毫克/千克的 2, 4-D 混合使用，既可防止病菌侵染，又可使果蒂在较长时间内保持新鲜，以提高果实耐贮性。

第三，库房及用具消毒。果实进库前，库房用硫磺粉 5～10 克/米^{3}进行熏蒸，密闭熏蒸 3～4 天，然后开门窗，待药气散发后，果实方可入库贮藏。

第四，控制库房温湿度。果实入库前，应充分预贮，使果实失重 3% 左右，以抑制果皮的生理性活动，可减轻果实枯水的发生。同时，可起到降温的作用，使轻微伤果伤口得到愈合，不至于使贮藏库的温度剧增，影响果实的贮藏性。脐橙贮藏库房温度要求控制在 4℃～10℃，空气相对湿度控制在 80%～85%，并注意通风换气。

第五，采果时选择适宜的天气。注意不要在降雨、有雾或露水未干时采摘，以免果实附有水珠引起腐烂。

（2）蒂腐病 柑橘褐色蒂腐病和黑色蒂腐病统称"蒂腐病"，是柑橘贮藏期间普遍发生的两种重要病害，常造成大量果实腐烂。

①危害症状 褐色蒂腐病是柑橘树脂病病菌侵染成熟果实引起的病害。果实发病多自果蒂或伤口处开始，初为暗褐色的水渍状病斑，随后围绕病部出现暗褐色近圆形革质病斑，通常没有黏液流出，后期病斑边缘呈波纹状，深褐色。果心腐烂较果皮快，

当果皮变色扩大到果面 1/3～1/2 时，果心已全部腐烂，故有"穿心烂"之称。病菌可侵染种子，使其变为褐色。黑色蒂腐病由另一种子囊菌侵染引起，初期果蒂周围变软，呈水渍状、褐色、无光泽，病斑沿中心柱迅速蔓延，直至脐部，引起穿心烂。受害果肉红褐色，并与中心柱脱离，种子黏附中心柱上；果实病斑边缘呈波浪状，油胞破裂。常流出暗褐色黏液，潮湿条件下病果表面长出菌丝，初呈灰色，渐变为黑色，并产生许多小黑点。

②发病规律　黑色蒂腐病病菌从果柄剪口、果蒂离层或果皮伤口侵入，在 27℃～30℃时果实最易感病且腐烂较快，20℃以下或 35℃以上腐烂较慢，5℃～8℃时不易发病。

③防治方法　防止褐腐病可在采果前 1 周，树冠喷洒 70% 甲基硫菌灵可湿性粉剂 1 000 倍液，或 50% 多菌灵可湿性粉剂 2 000 倍液。果实采收后 1 天内，抓紧用 $500×10^{-6}$ 抑霉唑溶液，或 45% 咪鲜胺乳油 2 000 倍液浸果，如加入 200 毫克 / 千克 2，4-D 溶液，还有促进果柄剪口迅速愈合、保持果蒂新鲜的作用。此外，采收用的工具及贮藏库，可用 50% 多菌灵可湿性粉剂或 50% 硫菌灵可湿性粉剂 200～250 倍液消毒。贮藏库也可用 10 克 / 米^3 硫磺密闭熏蒸 24 小时。

（3）黑腐病　又名黑心病。主要危害贮藏期果实，使其中心柱腐烂。果园幼果和树枝也可受害。

①危害症状　由半知菌的柑橘链格孢菌所致。果园枝叶受害，出现灰褐色至赤褐色病斑，并长出黑色霉层；幼果受害后常成为黑色僵果。病菌由伤口和果蒂侵入。成熟果实通常有两种症状：一是病斑初期为圆形黑褐斑，扩大后为微凹的不规则斑，高温高湿时病部长出灰白色茸毛状霉，成为心腐病；二是蒂腐型，果蒂部呈圆形褐色、软腐，直径约为 1 厘米的病斑，且病菌不断向中心蔓延，并长满灰白色至墨绿色的霉。

②发病规律　病菌在枯枝的烂果上生存。分生孢子靠气流

传播至花或幼果上，潜伏于果实内，直至果实贮藏一段时间出现生理衰退时才发病。高温高湿易发病，果实成熟度越高，越易发病。灌溉不良、栽培管理差、树势衰弱的果园易发病。遭受日灼、虫伤、机械伤的果实，易受病菌侵染。

③防治方法 果实采收前参照树脂病的防治方法。采收过程中及采收后可参照绿霉病、青霉病的防治方法。

2. 生理性病害

（1）枯水病

①危害症状 病果外观与健果没有明显的区别，但果皮变硬，果实失重，切开果实囊瓣萎缩，木栓化，果肉淡而无汁。表现为果皮发泡，果皮与果肉分离，汁胞失水干枯，但果皮仍具有很好色泽。枯水多从果蒂开始，一般成熟度高的果实，枯水病发生较严重，贮藏时间越长，病情越重。

②防治方法 一是适期采摘。果实着色七八成时，为采摘适期，防止过迟采果。二是延长预贮时间。果实采摘后适当延长预贮时间，保持足够的发汗时间。三是药剂防治。采果前，树体喷施 1 000～2 000 毫克／千克丁酰肼（B9）溶液可减轻发病。四是科学施肥。不要偏施化肥，重视有机肥的施用。

（2）水肿病

①危害症状 果实呈半透明水渍状浮肿，果皮浅褐色，后期变为深褐色，有浓烈的酒精味，果皮、果肉分离。这是由于贮藏环境温度偏低、通风换气不良、二氧化碳积累过多而引起的生理性病害。

②防治方法 一是控制贮藏温度。脐橙贮藏库房温度应控制在 4℃～10℃。二是气调贮藏。保持贮藏库内氧气含量及低微浓度二氧化碳和乙烯浓度。三是使用植物生长调节剂。采果前 15～20 天喷洒 10 毫克／千克赤霉素溶液，对防止病害的发生有效果。

（3）油斑病 又称虎斑病、干疤病。主要发生在贮藏后 1 个月左右。

①危害症状　病果在果皮上出现形状不规则的淡黄色或淡绿色病斑，病斑直径多为2～3厘米或更大，病、健部交界处明显，病部油胞间隙稍下陷，油胞显著突出，后变黄褐色，油胞萎缩下陷。病斑不会引起腐烂，但如病斑上污染有炭疽病菌孢子等，则往往会引起果实腐烂。

油斑病是由于油胞破裂后橘皮油外渗，侵蚀果皮细胞而引起的一种生理性病害。树上果实发病是由于风害、机械伤或叶蝉等危害，或果实生长后期使用石硫合剂、松碱合剂等农药所致。贮藏期果实受害主要是由于采收和贮运过程中的机械伤害，以及在贮藏期间不适宜的温、湿度和气体成分等多种因素均可引起橘皮油外渗而诱发油斑病。

②防治方法　一是适时采摘。果实适当早采，可减轻发病，并注意不在雨水、露水未干时采摘。二是防止机械损伤。果实在采摘、盛放、挑选、装箱和运输等操作过程中，注意轻拿、轻放、轻装和轻卸，避免人为机械损伤。三是控制库房温湿度。果实入库前应进行预贮，将果实放置2～3天，待果面充分干燥后再贮藏。同时，预贮还能起到降温的作用，可使轻微伤果伤口得到愈合，减轻发病。脐橙贮藏库温度要求控制在4℃～10℃，空气相对湿度控制在80%～85%，并注意通风换气。

附　录

附录一　果园草害及防治

（一）果园草害

果园草害是指果园杂草过度生长对果树生长发育造成的不良影响。由于果树单株的间距较大，给杂草生长留下了较大空间，故不及时防除，就会造成草荒。

果园杂草种类繁多，有1年生杂草和多年生宿根杂草。常见的果园杂草有狗牙根、黄蒿、艾蒿、白茅、香附、狗尾草、苋草、藜、荠菜、牛筋草、马唐、空心莲子草等，这些杂草以种子或根繁殖，在适宜条件下生长繁殖速度极快。据报道，1株马唐或马齿苋一次可产生种子2万～30万粒。一些植株高大的杂草，需水、需肥量较大，并占据一定的空间，除了与果树争肥水以外，还影响果树生长，特别是对幼龄树生长的影响更大。此外，杂草的存在还给果树病菌和害虫提供了生存或越冬场所。

（二）果园杂草防治

为了保证果树健壮生长，防止杂草无限制生长给果树造成的肥水竞争，必须采取措施抑制杂草生长蔓延。目前，在常规管理的果园，杂草防除通常与土壤管理结合进行，一般采用清耕、行间间作其他作物、地面覆盖、行间生草和化学除草等方法。

果园清耕是杂草防除的最常用方法，此法用工量大，1年需要除草5～8次。

果园间作其他作物适宜于幼龄果园，以豆科植物、薯类、蔬菜等作物为好，不宜间作玉米、高粱等高秆作物。

地面覆盖是栽培管理条件较好的果园采取的一种措施，覆盖物以作物秸秆、割下的杂草或绿肥植物为主。地面覆盖能明显抑制杂草生长，减少水分蒸发，缩小地面温差。秋冬季将覆盖物深翻于地下，还能增加土壤有机质含量，改善土壤通透性。

行间生草是近几年推广的果树管理新技术，即在果树间种植多年生牧草（一般是豆科），树冠下实行清耕。在牧草生长到一定高度时刈割，留茬高度在10厘米左右。未割下的草可抑制杂草生长，保土保湿，减少水分蒸发。同时，还为害虫的天敌提供了食料和活动场所，实践证明，生草果园天敌数量明显多于清耕果园。

化学除草是利用化学除草剂抑制杂草生长的方法，需根据杂草种类和危害情况、果树树种或品种、土壤类型及气象条件来选择除草剂种类。化学除草的优点是除草效果好、省工，但除草剂选择或施药方法不当易出现药害。现代果树栽培提倡以树干为中心，在树冠下使用除草剂，在树行间种植牧草的栽培模式。

（三）果园常用的除草剂

1. 百 草 枯

（1）作用　百草枯为触杀型灭生性联吡啶类除草剂，其联吡啶阳离子能被植物绿色部分迅速吸收，破坏叶绿体层膜，使光合作用和叶绿素合成很快停止。光照是发挥药效的重要条件，施药几小时后杂草的叶片即开始变色、枯萎。此药剂对单、双子叶植物的绿色组织均有很强的破坏作用，但不能传导，因而只能杀死地上绿色茎叶部分，不能毒杀地下根茎和潜贮种子，也不能透入已经成熟的树皮。百草枯接触土壤即失去活性，无残留。果园内施药后很短时间内便可播种行间作物。

（2）**剂型**　20% 水剂。

（3）**使用方法**　百草枯对单、双子叶各种杂草都有效，对1～2年生杂草药效特别显著，对多年生深根恶性杂草只能杀死地上绿色茎叶部分，不能毒杀地下根茎。百草枯在杂草出苗后至开花前均可喷药，一般在杂草株高 15 厘米左右时喷药效果最好，杂草成株期、株高 30 厘米以上时用药量大。一般每 667 米² 用 20% 百草枯水剂 100～300 毫升，加水 30～50 升，均匀喷洒杂草茎叶。气温高、阳光充足，有利于药效发挥。

（4）**注意事项**　①注意药液绝对不能喷到果树树冠上，以免发生药害。②幼龄果树喷药时，药液也不能接触到树皮。③施药1 小时后下雨对药效影响不大；喷药后 24 小时内，人、畜禁止进入施药地块；勿将药瓶或剩下的药液倒入池塘和沟渠中，用过的药械要彻底清洗。

2. 草 甘 膦

（1）**作用**　草甘膦为内吸传导型广谱灭生性有机磷类除草剂，主要通过抑制植物体内烯醇丙酮基莽草素磷酸合成酶，从而抑制莽草素向苯丙氨酸、酪氨酸及色氨酸的转化，使蛋白质的合成受到干扰，导致植物死亡。植物绿色部分均能很好地吸收草甘膦，但以叶片吸收为主，吸收的药剂从韧皮部很快传导，24小时内大部分转移到地下根和地下茎。杂草中毒症状表现较慢，1 年生杂草一般 3～4 天后开始出现反应，15～20 天全株枯死；多年生杂草 3～7 天后开始出现症状，地上部叶片先逐渐枯黄，继而变褐，最后倒伏，地下部分腐烂，一般 30 天左右地上部基本干枯，枯死时间与施药量和气温有关。此药剂接触土壤即失去活性，对土壤中潜藏种子无杀伤作用。草甘膦杀草范围广，能灭除1～2年生和多年生的禾本科、莎草科、阔叶杂草以及藻类、蕨类植物和灌木，特别是对深根的恶性杂草如白茅、狗芽根、香附子、芦苇、铺地黍等有良好的防除效果。

（2）**剂型**　10%，41% 水剂。

（3）**使用方法** 草甘膦在杂草生长最旺盛时施药效果好，随着杂草长大和成熟，需较高的用药量，杂草株高 15 厘米左右时喷药最好。多年生杂草施药过早，虽然杀死杂草的地上部分，但由于根茎未被杀死，仍能再生；施药过晚，杂草的茎秆木质化，不利于药剂在植株中传导。其用药量视不同的杂草群落而有差异，以阔叶杂草为主的果园，每 667 米^{2}用 10% 草甘膦水剂 750～1 000 毫升；以 1～2 年生禾本科杂草为主的果园，每 667 米^{2}用 10% 草甘膦水剂 1 500～2 000 毫升；以多年生深根杂草为主的果园，每 667 米^{2}用 10% 草甘膦水剂 2 000～2 500 毫升。施药时，先将药剂加 30～50 升水稀释成药液，再加入用水量 0.2% 的洗衣粉作表面活性剂，均匀喷洒到杂草茎叶。天气干旱、杂草生长不旺时，可在不增加剂量的情况下分次施药，第一次施全药量的 30%～40%，隔 3～5 天再施 1 次，这样有利于药剂的吸收与传导，提高除草效果。

（4）**注意事项** ①施药时注意风向，尽量低喷，药液只能触及杂草，绝对不能接触或飘移到果树树皮、嫩枝、新叶片和生长点，以免发生药害。②施药后 6 小时内如遇大雨会影响药效，应考虑重喷。杂草叶面药液干后遇毛毛雨，对药效影响不大。③草甘膦的药液用清水配制，勿用硬水和泥浆水配药，否则会降低药效，药液要当天配当天用完。④喷药后应立即清洗喷药器械。

3. 烯 禾 定

（1）**作用** 烯禾定为选择性强的内吸传导型茎叶处理除草剂。药剂能被禾本科杂草茎叶迅速吸收，并传导到顶端和节间分生组织，使其细胞分裂遭到破坏。受药植株 3 天后停止生长，7 天后新叶褪色，2～3 周内全部枯死。本剂在禾本科与双子叶植物间选择性很高，对阔叶作物安全。烯禾定施入土壤很快分解失效，在土壤中持效期短，宜做茎叶喷雾处理。施药后 1 个月播种禾本科作物无影响，施药当天可播种阔叶作物。烯禾定可用于果园防治稗草、野燕麦、马唐、狗尾草、牛筋草、看麦娘等。适当提高用量，可防治多年生杂草，如白茅、狗牙根等。

（2）**剂型**　20% 乳油，12.5% 机油乳剂。

（3）**使用方法**　烯禾定传导性较强，在禾本科杂草 2 叶至 2 个分蘖期间均可施药，降雨基本不影响药效。果园间作大豆、花生、油菜时，20% 乳油每 667 米² 用量 100～153 毫升，加水 40 升，无间作作物时可适当提高用量。

（4）**注意事项**　施药期间以早、晚为好，中午或气温高时不宜施药。干旱或杂草较大时杂草的抗药性强，用药量应酌加。施药作业时药液雾滴不能飘移到邻近的单子叶作物上。

附录二　脐橙园机械及使用

　　脐橙机械化生产，可极大地提高生产效率、降低生产成本，取得显著的经济效益和增产效果。脐橙生产机械化程度的高低，在一定程度上决定着脐橙生产规模扩张的推进力度、推进质量和推进效率，决定着脐橙市场竞争力。脐橙生产机械化技术配套机具按生产环节可分为脐橙园开发机械、脐橙园管理机械、脐橙商品化处理机械 3 大类。本书主要介绍脐橙园开发机械和脐橙园管理机械。

（一）脐橙园开发机械

　　脐橙园开发机械主要有挖斗宽 1 米和宽 0.4 米两种型号的挖掘机、推土机、打穴机、中型拖拉机。

　　1. 道路开挖　按照脐橙园面积大小，设置园区干道、支道和工作道，用推土机推出宽 6 米的园区干道，与交通干道连接，贯通全园；用推土机推出支道宽 4 米，连接干道，通向各小区；用推土机推出操作道宽 1～2 米，与干道、支道和每块梯田相连，是垂直于坡面的纵向便道。

　　2. 反坡梯田修筑　在规划好的地块，以等高线为梯田中心线用推土机、中型挖掘机修筑梯田。修筑时先将表土层集中，然后将等高线上方的土壤往下倒，逐步修成内低外高、里外高差0.2米左右的反坡梯田带。

3. 定植沟开挖 以梯田带外侧1/3～2/5处为中心，用大中型挖掘机开挖宽1米以上、深0.8米以上，沟壁陡直、上下等宽的定植沟。如果是在坡度平缓的地形上可沿等高线按行距直接用大中型挖掘机开挖定植沟。

4. 环山截流沟开挖 丘陵山地脐橙园，在最上层梯台的上方和山脚环山道路的内侧，用中型挖掘机各开挖一条横山排蓄水沟，以防止山洪冲刷园内梯台和道路，也可用于蓄水防旱。横沟大小根据上方集雨面积而定，一般沟面宽1.5米、底宽1米、深1米。山脚环山道路内侧沟可小些。横沟可不必挖通（尤其是山腰横沟），每隔10米左右留一堤挡，比沟面低约0.4米，排蓄雨水。横沟要与纵沟相通，有利于排出过多的蓄水。

5. 梯田背沟开挖 在定植沟（穴）按生产要求压青回填后，在梯带内侧用小型挖掘机挖出梯台背沟，俗称竹节沟。用于蓄水和下雨时拦截雨水和泥沙，与纵沟相连，深0.3～0.4米，宽0.4～0.5米，每隔3～5米挖一深坑。

（二）脐橙园管理机械

脐橙园管理机械主要有四轮驱动拖拉机、旋耕机、果园小型管理机、小型挖掘机、打穴机、三铧犁、机动柱塞泵、喷灌机、喷雾喷粉机、自走弥雾机、小型割草机、诱灭虫灯、驱虫灯、果树篱剪机、手动枝剪、气动机剪、液压长臂剪、喷洒水车，以及各种喷灌、滴灌、微喷管路和配件。

目前，生产中用得最多的是灌溉机械和植保机械。

1. 灌溉机械 在规划机械化灌溉系统时，由于果园初期不需要灌溉系统发挥所有功能，再加上灌溉系统需要有一定的投入，这对一些条件较差的果农增加了负担。所以，在果园初建时，可以考虑灌溉系统不一步配套到位。但是初建果园时，应在果带行端两头首先铺设好主管道并留设管口，以利于后期建设灌溉系统。

　　赣南脐橙园地处丘陵山区，水源水量在一定程度上影响果园浇灌。可在附近的江、河筑坝修建提水站引水，也可利用地形修建山塘、水库蓄水，或利用上方高水源头引水至果园，进行自流灌溉。现在较为普遍采用高压水泵提江河、库塘及井泉之水或喷灌机组抽水，通过铺设主管纵向通往地头，果树行头每侧留有出水口，可接上皮管浇灌，操作简单，较为经济。有条件的脐橙园可建立微灌系统，目前最先进的脐橙园机械化灌溉形式是微灌工程技术。

　　微灌是根据作物需水要求，通过低压管道系统与安装在本级管道上的特制灌水器，将水和作物生长所需的养分以较小的流量均匀、准确地直接输送到作物根部附近的土壤表面或土层中的浇水方法。具有节水、节能、增产、节省劳动力和能适应复杂地形等优点。它通常包括水源工程、首部枢纽、输配水管网和浇水装置（浇水器）4个部分。

　　（1）**水源工程**　河流、湖泊、塘堰、渠道、井泉等，只要水质符合微灌和无公害要求，均可作为微灌的水源。为了充分利用这些水源，有时需要修建引水、蓄水、提水工程以及相应的输配电工程等，这些统称为水源工程。

　　（2）**首部枢纽**　微灌系统首部是由机泵、控制阀门、水质净化装置、施肥装置、测量和保护设备所组成。首部担负着整个微灌系统的运行、检测和调控任务，是全系统的控制调度中枢，除水泵、动力设备、各种阀门、水表、压力表等为通用设备外，其余为微灌专用设备。

　　（3）**输配水管网**　输配水管网包括干管、支管、毛管等输、配水管道及其连接管件。在整个微灌系统中用量多、规格繁，占投资比例较大，选用时应根据管道和管件的型号、规格、性能进行技术经济比较。使用最多的管材是黑色聚乙烯（PE）塑料管，是目前国内微灌系统使用的主要管材。目前各种规格的管材都有配套接头、三通、弯头、旁通和堵头等附属管件，安装方便。

（4）**浇水装置**　利用微灌系统，将可溶性肥料或农药液体按一定剂量通过特定的设备加入微灌系统，随浇水一起施入果园。不仅提高了水的利用率，而且提高了肥料的利用率。灌溉形式主要采取微高喷、微低喷和小管出流灌等3种。

微高喷是把喷头装在树冠区喷水，形成水雾弥漫，在夏季早期可降低果园温度2℃～4℃，调节空气湿度，利于果树生长。

微低喷是把喷头装在树冠下地面上0.2～0.3米处，微低喷能保证根系土壤湿润，水分利用率高，而且节省部分输水毛管。

小管出流灌采用直径4毫米的细管与毛管连接作为浇水器，以小股水流注入脐橙根区四周小环形浅沟内湿润土壤，流量为80～150升/小时，大于土壤入渗速度。

2. 脐橙园植保机械　脐橙园植保机械包括手动、机动喷雾器（机）、弥雾机、注液机等机型，目前赣南橙园主要采用管道喷药技术。果园暗管喷药是一项快速喷药技术，其方法是在地下埋设塑料管道，把药液送到全园，用药泵加压带动多个喷枪同时喷药，高速、及时地防治病虫害。

（1）**机房控制系统**　由水源、电源、药池、电机、药泵组成，由1人操纵。

（2）**地下管道系统**　采用耐高压、耐腐蚀的塑料管道，由地下直通果园各个小区，然后根据每个喷枪的控制范围，由地下立到地上（此部分称立杆），一般每根立杆的控制范围达0.1～0.2公顷。

（3）**作业方法**　工作时，药泵启动，用高压将药池内的药液输入地下管道，送到指定地点。一组药泵的控制面积为13.3～33.3公顷。一般10公顷以下面积的果园选用2MB240型隔膜泵，10公顷以上的果园选用2MB240型隔膜泵作为药泵。地面高压软管与喷枪连接，接受自立杆传输来的药液。喷枪支数可以增减（视情况而定），多的可达 10 多支。采用暗管喷药，可使机动植保机械不必进果园，解决了密植果园机器进园难的问题，同时喷药速度加快。一般一套管道喷药装置可带 6～8 支喷枪同时作业，节约了混药和加水往返用工，日作业量可达 6.5 公顷以上，比普通植保机械可提高工效 1 倍。该项技术适用于各种果园，有专用的埋管机作业埋管，整个工程可使用 30 年以上。据试验，该项技术采用后，好果率提高 15% 以上，产量增加 10% 左右。

（三）果实商品化处理机械

果实商品化处理机械设备主要有各种手动及机械枝剪、小吨位运输工具、分级机、冷库制冷设备、冷藏车及洗果、打蜡、包装机械等。

参考文献

［1］沈兆敏，柴寿昌. 中国现代柑橘技术［M］. 北京：金盾出版社，2008.

［2］陈杰. 林果生产技术（南方本）（第二版）［M］. 北京：高等教育出版社，2015.

［3］刘权. 南方果树整形修剪大全［M］. 北京：中国农业出版社，2000.

［4］陈杰. 脐橙树体与花果调控技术［M］. 北京：金盾出版社，2007.

［5］陈杰. 脐橙整形修剪图解［M］. 北京：金盾出版社，2005.

［6］沈兆敏，周育彬，邵蒲芬. 脐橙优质丰产技术［M］. 北京：金盾出版社，2000.